丛书总主编：孙鸿烈　于贵瑞　欧阳竹　何洪林

中国生态系统定位观测与研究数据集

草地与荒漠生态系统卷

U0257498

新疆策勒站

（2005—2006）

雷加强　曾凡江
郭永平　主编

中国农业出版社

图书在版编目（CIP）数据

中国生态系统定位观测与研究数据集．草地与荒漠生态系统卷．新疆策勒站：2005～2006 / 孙鸿烈等主编；雷加强，曾凡江，郭永平分册主编. —北京：中国农业出版社，2010.11
ISBN 978-7-109-15137-6

Ⅰ．①中…　Ⅱ．①孙…②雷…③曾…④郭…　Ⅲ．①生态系统-统计数据-中国②草地-生态系统-统计数据-策勒市- 2005～2006③荒漠-生态系统-统计数据-策勒市- 2005～2006　Ⅳ．①Q147②S812③P942.453.73

中国版本图书馆 CIP 数据核字（2010）第 222555 号

中国农业出版社出版
（北京市朝阳区农展馆北路 2 号）
（邮政编码 100125）
责任编辑　刘爱芳

中国农业出版社印刷厂印刷　　新华书店北京发行所发行
2010 年 11 月第 1 版　　2010 年 11 月北京第 1 次印刷

开本：889mm×1194mm　1/16　印张：7
字数：188 千字
定价：40.00 元
（凡本版图书出现印刷、装订错误，请向出版社发行部调换）

中国生态系统定位观测与研究数据集

丛书编委会

主　编　孙鸿烈　于贵瑞　欧阳竹　何洪林

编　委（按照拼音顺序排列，排名不分先后）

曹　敏	董　鸣	傅声雷	郭学兵	韩士杰
韩晓增	韩兴国	胡春胜	雷加强	李　彦
李新荣	李意德	刘国彬	刘文兆	马义兵
欧阳竹	秦伯强	桑卫国	宋长春	孙　波
孙　松	唐华俊	汪思龙	王　兵	王　堃
王传宽	王根绪	王和洲	王克林	王希华
王友绍	项文化	谢　平	谢小立	谢宗强
徐阿生	徐明岗	颜晓元	于　丹	张　偲
张佳宝	张秋良	张硕新	张宪洲	张旭东
张一平	赵　明	赵成义	赵文智	赵新全
赵学勇	周国逸	朱　波	朱金兆	

中国生态系统定位观测与研究数据集
草地与荒漠生态系统卷·新疆策勒站

编委会

主　　编：雷加强　曾凡江　郭永平

编写人员：雷加强　　曾凡江　郭永平　李向义

　　　　　热甫开提　刘　维　李　利　林丽莎

　　　　　张希明　　穆桂金　杨发相　岳　剑

　　　　　黄彩变

　　随着全球生态和环境问题的凸显，生态学研究的不断深入，研究手段正在由单点定位研究向联网研究发展，以求在不同时间和空间尺度上揭示陆地和水域生态系统的演变规律、全球变化对生态系统的影响和反馈，并在此基础上制定科学的生态系统管理策略与措施。自20世纪80年代以来，世界上开始建立国家和全球尺度的生态系统研究和观测网络，以加强区域和全球生态系统变化的观测和综合研究。2006年，在科技部国家科技基础条件平台建设项目的推动下，以生态系统观测研究网络理念为指导思想，成立了由51个观测研究站和一个综合研究中心组成的中国国家生态系统观测研究网络（National Ecosystem Research Network of China，简称CNERN）。

　　生态系统观测研究网络是一个数据密集型的野外科技平台，各野外台站在长期的科学研究中，积累了丰富的科学数据，这些数据是生态学研究的第一手原始科学数据和国家的宝贵财富。这些台站按照统一的观测指标、仪器和方法，对我国农田、森林、草地与荒漠、湖泊湿地海湾等典型生态系统开展了长期监测，建立了标准和规范化的观测样地，获得了大量的生态系统水分、土壤、大气和生物观测数据。系统收集、整理、存储、共享和开发应用这些数据资源是我国进行资源和环境的保护利用、生态环境治理以及农、林、牧、渔业生产必不可少的基础工作。中国国家生态系统观测研究网络的建成对促进我国生态网络长期监测数据的共享工作将发挥极其重要的作用。为切实实现数据的共享，国家生态系统观测研究网络组织各野外台站开展了数据集的编辑出版工作，借以对我国长期积累的生态学数据进行一次系统的、科学的整理，使其更好地发挥这些数据资源的作用，进一步推动数据的共享。

　　为完成《中国生态系统定位观测与研究数据集》丛书的编纂，CNERN综合研究中心首先组织有关专家编制了《农田、森林、草地与荒漠、湖泊湿地海湾生态系统历史数据整理指南》，各野外台站按照指南的要求，系统地开展了数据整理与出版工作。该丛书包括农田生态系统、草地与荒漠生态系统、森林生态系统以及湖泊湿地海湾生态系统共4卷、51册，各册收集整理了各野外台站的元数据信息、观测样地信息与水分、土壤、大气和生物监测信息以及相关研究成果的数据。相信这一套丛书的出版将为我国生态系统的研究和相关生产活动提供重要的数据支撑。

孙鸿烈

2010年5月

　　新疆策勒荒漠草地生态系统国家野外科学观测研究站（简称策勒站）建于 1983 年，2001 年成为国家林业局荒漠化监测站，2003 年进入中国生态系统研究网络（CERN），2005 年开始根据 CERN 的统一要求进行水、土、气、生等生态要素的监测，2005 年进入中国国家生态系统观测研究网络（CNERN）。策勒站地处塔里木盆地南缘 1 400km 风沙线的中西部，位于策勒绿洲和荒漠的交汇处，地理坐标 80°43′45″E、37°00′57″N，海拔高度 1 318.6m，气候类型为温带极端干旱气候，年均降水量 35.1mm、蒸发潜力 2 595.3mm、平均气温 11.9℃，极端高温 41.9℃、低温零下 23.9℃，无霜期 196 天；全年盛行西北风，大风天气 3～9 天，沙尘暴 20 天，扬沙 90 天，浮尘 150 天。多年来，策勒站开展的研究包括：荒漠化形成机理和防治技术，荒漠、绿洲生态系统相互作用及其交替过程，荒漠生态系统的生态过程及其演变规律，绿洲生态系统的稳定性与可持续管理，风沙危害形式及防治技术等，积累了大量的长期监测和研究数据。

　　为了进一步推动国家野外台站对历史资料的整理和信息、资源共享，充分发挥 CNERN/CERN 科学数据在时间序列定位研究中的宝贵价值，在国家科技基础平台建设项目"生态系统网络的联网观测研究及数据共享系统的建设"的支持下，CNERN/CERN 决定出版《中国生态系统定位观测与研究数据集》丛书，对台站的历史数据加以整理和分析，并将有价值的数据出版，全面展示台站长期定位观测的成果，为台站今后进行相关科学研究提供基础数据。为此，策勒站编写了《中国生态系统定位观测与研究数据集·草地与荒漠生态系统卷·新疆策勒站》一书，内容涵盖了策勒站的主要数据资源目录、观测场和采样地的信息以及水、土、气、生等生态要素监测的数据以及本站的主要研究数据等。

　　本书的第一章和第二章由雷加强撰写，第三章由郭永平撰写，第四章中的生物监测数据由李向义整理，土壤监测数据由热甫开提整理，水分监测数据和气象监测数据由郭永平整理，第五章由曾凡江撰写、刘维整理，全书由郭永平和刘维统稿、校对。虽然我们对本册丛书内容进行了多次的校核，书中错误在所难免，敬请读者批评指正。《中国生态系统定位观测与研究数据集·荒漠与草地生态系统卷·新疆策勒站》一书，在编写过程中得到了中国生态系统研究网络综合中心的支持和帮助，在此表示衷心的感谢！

编　者

2009 年 12 月

[目 录]

序言

前言

第一章 引言 ·· 1

1.1 荒漠生态系统研究站数据整理规范 ··· 1

1.1.1 数据整理目的 ··· 1

1.1.2 基本原则 ··· 1

1.2 台站简介 ··· 1

1.2.1 基本信息 ··· 1

1.2.2 研究方向 ··· 2

第二章 数据资源目录摘要 ·· 3

2.1 生物数据资源目录 ··· 3

2.1.1 农田生物数据资源目录 ··· 3

2.1.2 荒漠生物数据资源目录 ··· 5

2.2 土壤数据资源目录 ··· 6

2.3 水分数据资源目录 ··· 7

2.4 大气数据资源目录 ··· 8

第三章 观测场和采样地 ·· 11

3.1 概述 ··· 11

3.2 观测场的介绍 ·· 12

3.2.1 策勒荒漠综合观测场 ··· 12

3.2.2 荒漠辅助观测场 ··· 14

3.2.3 绿洲农田综合观测场 ··· 14

3.2.4 绿洲农田辅助观测场 ··· 15

3.2.5 站区调查点 ··· 18

3.2.6 策勒站综合气象观测场 ··· 18

3.2.7 策勒站水位水质监测观测场采样地 ··· 20

第四章 长期监测数据 ·· 21

4.1 生物监测数据 ·· 21

　　　　4.1.1　农田生物 ……………………………………………………………………………… 21

　　　　4.1.2　荒漠生物 ……………………………………………………………………………… 31

　　4.2　土壤监测数据 …………………………………………………………………………………… 36

　　　　4.2.1　土壤交换量 …………………………………………………………………………… 36

　　　　4.2.2　土壤养分 ……………………………………………………………………………… 38

　　　　4.2.3　土壤矿质全量 ………………………………………………………………………… 44

　　　　4.2.4　土壤微量元素和重金属元素 ………………………………………………………… 47

　　　　4.2.5　土壤速效微量元素 …………………………………………………………………… 50

　　　　4.2.6　土壤机械组成 ………………………………………………………………………… 53

　　　　4.2.7　土壤容重 ……………………………………………………………………………… 56

　　　　4.2.8　长期采样地空间变异调查 …………………………………………………………… 58

　　　　4.2.9　土壤理化分析方法 …………………………………………………………………… 58

　　4.3　水分监测数据 …………………………………………………………………………………… 59

　　　　4.3.1　土壤含水量 …………………………………………………………………………… 59

　　　　4.3.2　地表水地下水水质状况 ……………………………………………………………… 65

　　　　4.3.3　地下水位记录 ………………………………………………………………………… 66

　　　　4.3.4　农田蒸散量 …………………………………………………………………………… 69

　　　　4.3.5　土壤水分常数 ………………………………………………………………………… 86

　　　　4.3.6　水面蒸发量 …………………………………………………………………………… 87

　　　　4.3.7　雨水水质状况 ………………………………………………………………………… 87

　　　　4.3.8　农田灌溉量 …………………………………………………………………………… 88

　　　　4.3.9　水质分析方法 ………………………………………………………………………… 89

　　4.4　气象监测数据 …………………………………………………………………………………… 89

　　　　4.4.1　温度 …………………………………………………………………………………… 89

　　　　4.4.2　湿度 …………………………………………………………………………………… 90

　　　　4.4.3　气压 …………………………………………………………………………………… 91

　　　　4.4.4　降水 …………………………………………………………………………………… 91

　　　　4.4.5　风速 …………………………………………………………………………………… 92

　　　　4.4.6　地表温度 ……………………………………………………………………………… 92

　　　　4.4.7　辐射 …………………………………………………………………………………… 93

第五章　台站研究数据集整理 …………………………………………………………………………… 95

　　5.1　2005 年科研内容及成果 ……………………………………………………………………… 95

　　　　5.1.1　国家科学基金项目 …………………………………………………………………… 95

　　　　5.1.2　中国科学院重点方向性项目 ………………………………………………………… 95

　　　　5.1.3　中国科学院重点方向性项目 ………………………………………………………… 96

　　　　5.1.4　中国科学院野外台站基金项目 ……………………………………………………… 96

　　　　5.1.5　自治区科技攻关项目 ………………………………………………………………… 96

　　5.2　2006 年科研内容及成果 ……………………………………………………………………… 97

　　　　5.2.1　骆驼刺幼苗根系生态学试验研究 …………………………………………………… 97

　　　　5.2.2　中国科学院重要方向性项目 ………………………………………………………… 97

　　　　5.2.3　中国科学院"西部之光"项目 ……………………………………………………… 98

　　　　5.2.4　自治区科技攻关项目 ………………………………………………………………… 100

　　　　5.2.5　自治区科技重大专项 ………………………………………………………………… 101

第一章

引 言

1.1 荒漠生态系统研究站数据整理规范

CERN 的数据包括生物、土壤、水分和气象四个部分。为充分发挥 CERN 数据在时间序列定位研究中的宝贵价值，很有必要对台站的历史数据加以整理和分析，并将有价值的数据出版，这既是对台站长期定位观测成果的一种全面展示，也是为今后台站及相关科学研究提供基础数据保障。

1.1.1 数据整理目的

(1) 规范整理。将 CERN 以往不同格式的数据归并到 CERN 目前实行的指标体系中。

(2) 数据出版。将 CERN 的监测成果以可见的形式向外发布。

(3) 综合应用。以整理和出版的数据为基础，为跨台站和跨时间尺度的生态学研究提供数据支持。

1.1.2 基本原则

(1) 来源清楚。对于所有历史数据建立相对应的元数据目录，并出版。

(2) 结构一致。以 CERN 目前实行的表和字段为准，保留所有表和字段。对于公共字段，可建立通用表。

(3) 数据综合。为便于出版和应用，对分层、分时监测数据加以必要综合。

(4) 问题明确。问题数据及其处理记录到专门的数据质量评估表中。

(5) 结论可靠。对于某些数据资源，经过综合后以图表、文字等形式给出一些结论性的内容。

1.2 台站简介

1.2.1 基本信息

策勒荒漠生态研究站始建于 1983 年，隶属于中国科学院新疆生态与地理研究所，位于塔克拉玛干沙漠南缘，2003 年进入中国生态系统研究网络（CERN），2005 年成为中国国家生态系统观测研究网络（CNERN）野外台站。站区位于和田地区策勒县境内策勒绿洲的前沿，距和田市 100km，距离策勒县城大约 10km，站区面积约为 750hm²，经度范围为 80°42′22″～80°42′28″E，纬度范围为 37°00′26″～37°00′30″，海拔 1 310m 左右。

策勒绿洲气候类型为暖温带极端干旱气候，年均降水量 35.1mm，蒸发潜力 2 595.3mm，平均气温 11.9℃，极端最高气温 41.9℃，极端最低气温－23.9℃，大于 10℃有效积温 4 842.18℃，无霜期多年平均 196d，年均日照时数 2 590 小时；全年盛行西北风，大风天气 3～9d，沙尘暴 20d，扬沙 90d，浮尘 150d。

策勒站现有实验办公楼 400m²；专家公寓 320m²；餐厅 120m²；站用车辆 3 辆，通讯条件良好，能够满足科研人员工作、学习和生活的需要。策勒站现建有基础设施完善的试验观测场 13 个，其中，气象观测场 4 个（山区、戈壁、沙漠、绿洲），荒漠综合观测场 1 个、辅助观测场 2 个，绿洲农田综合观测场 1 个，辅助观测场 3 个，荒漠试验场 1 个，绿洲试验场 1 个，此外还有三个水分监测调查观测点。共有试验监测和测试分析仪器设备 36 台（套），总价值约 420 万元，可以满足常规试验监测和测试分析。

1.2.2　研究方向

（1）荒漠生态系统结构与功能。从荒漠生态系统各因子的相关作用过程着手，以水和植物为核心，在系统监测数据支持下，研究荒漠生态系统的空间结构及其动态变化过程、荒漠生态系统与绿洲生态系统的关系，揭示其自身的稳定性机理和在生态区的功能，对于全面系统认识和理解我国陆地生态系统具有重要的理论价值和科学意义；

（2）荒漠生态系统演化过程及对全球变化响应。该生态区的荒漠生态系统是我国乃至世界陆地生态系统中结构最为简单、稳定性最差的生态系统之一，其对全球变化以及人类活动响应敏感，演化过程具有其特殊的规律性。因此，作为我国乃至世界上主要生态系统类型，在全球变化背景下研究其演化过程（包括结构变化和功能变化），为辨识自然作用过程和人为作用过程、预测未来发展趋势、实施优化管理和调控等积累基础资料；

（3）绿洲生态系统稳定性。绿洲是干旱区人类赖以生存和发展的核心，绿洲生态系统稳定与否直接关系该生态区的社会经济发展。同时，绿洲生态系统受人类活动影响极为强烈，如人工水系替代了天然水体、人工植被替代了天然植被、规则的人工生态景观替代了不规则的天然生态景观等。因此，以人类作用为主要驱动条件，从绿洲生态系统结构和生态过程研究其稳定性，是实现绿洲高效、稳定发展的基础，也是干旱区生态学发展的迫切需求；

（4）荒漠化过程及防治技术集成与示范。以策勒绿洲为核心研究区，以风沙和水盐过程为主要研究对象，揭示荒漠化发生发展过程，并结合水资源的合理配置、优良植物种筛选、林网结构布局优化等，形成集传统技术、高新技术、生态产业发展技术等为一体的荒漠化防治技术体系和治理模式，并建成相应的试验示范区，是当地生态建设、环境保护、区域发展亟待解决的关键技术问题，也是世界同类地区荒漠化防治的迫切需求；

（5）开展荒漠化形成机理研究，集成荒漠化防治技术体系，建立相应的试验示范区。建立水、盐、风、沙、干旱等胁迫因子与植物、土壤的关系，研究植物耗水规律和抗逆境特征；结合植物生物学特征和风沙运动规律的研究，确定林网结构布局；结合光热组合和水肥耦合的研究，建立高效、稳定发展模式，从而形成防护、治理、开发、利用为一体的荒漠化防治技术体系。

第二章

数据资源目录摘要

2.1 生物数据资源目录

2.1.1 农田生物数据资源目录

数据集名称：粮食作物组成

数据集摘要：关于粮食作物播种面积、单产、产值等的统计数据。

数据集时间范围：2005—2006 年

数据集名称：经济、饲料作物组成

数据集摘要：关于经济、饲料作物播种面积、单产、产值等的统计数据。

数据集时间范围：2005—2006 年

数据集名称：农田主要作物农药、除草剂、生长剂等投入情况

数据集摘要：关于对农田主要作物使用农药、除草剂、生长剂的情况记录。

数据集时间范围：2005—2006 年

数据集名称：历年复种指数

数据集摘要：记录历年关于复种指数的调查数据。

数据集时间范围：2005—2006 年

数据集名称：农田灌溉制度

数据集摘要：记录农田灌溉方式及灌溉量数据。

数据集时间范围：2005—2006 年

数据集名称：典型地块作物轮换顺序

数据集摘要：记录典型地块内各种作物轮换播种顺序。

数据集时间范围：2005—2006 年

数据集名称：肥料投入量

数据集摘要：记录各种化肥施用量、养分折合量。

数据集时间范围：2005—2006 年

数据集名称：作物叶面积与生物量动态

数据集摘要：记录农田作物叶面积指数与生物量动态变化的数据。

数据集时间范围：2005—2006 年

数据集名称： 主要作物施肥情况
数据集摘要： 记录对于主要作物化肥、有机肥的养分折合量、产投比等。
数据集时间范围： 2005—2006 年

数据集名称： 耕作层作物根生物量
数据集摘要： 记录作物根部位的生物量。
数据集时间范围： 2005—2006 年

数据集名称： 作物根系分布
数据集摘要： 记录作物不同层次根系的根生物量数据。
数据集时间范围： 2005—2006 年

数据集名称： 小麦生育期调查
数据集摘要： 记录小麦生育动态观测的数据。
数据集时间范围： 2005—2006 年

数据集名称： 农田作物矿质元素含量与能值
数据集摘要： 记录作物各种器官的各类元素含量及热值的分析结果数据。
数据集时间范围： 2005—2006 年

数据集名称： 小麦植株性状调查
数据集摘要： 关于小麦各种生育指标的测定数据。
数据集时间范围： 2005—2006 年

数据集名称： 土壤微生物生物量碳季节动态
数据集摘要： 关于农田土壤中土壤微生物生物量碳季节动态数据。
数据集时间范围： 2005—2006 年

数据集名称： 玉米生育期调查
数据集摘要： 记录玉米生育动态观测的数据。
数据集时间范围： 2005—2006 年

数据集名称： 玉米植株性状调查
数据集摘要： 关于玉米各种生育指标的测定数据。
数据集时间范围： 2005—2006 年

数据集名称： 作物生物量测定结果记录
数据集摘要： 记录作物各个部位的生物量。
数据集时间范围： 2005—2006 年

2.1.2 荒漠生物数据资源目录

数据集名称：荒漠植物群落灌木层种类组成

数据集摘要：关于荒漠植物群落灌木层种类组成、盖度、高度、生物量等的调查数据。

数据集时间范围：2005—2006 年

数据集名称：荒漠植物群落草本层种类组成

数据集摘要：关于荒漠植物群落草本层种类组成、盖度、高度、生物量等的调查数据。

数据集时间范围：2005—2006 年

数据集名称：荒漠植物群落灌木层群落特征

数据集摘要：关于荒漠植物群落灌木层群落种类组成、数量；优势植物高度、密度、地上、地下生物量、凋落物、枯枝生物量等特征的调查数据。

数据集时间范围：2005—2006 年

数据集名称：荒漠植物群落草本层群落特征

数据集摘要：关于荒漠植物群落草本层群落种类组成、数量；优势植物高度、密度、地上、地下生物量、凋落物、枯枝生物量等特征的调查数据。

数据集时间范围：2005—2006 年

数据集名称：荒漠植物群落种子产量

数据集摘要：荒漠植物群落优势植物单位面积种子产量调查数据集数据。

数据集时间范围：2005—2006 年

数据集名称：荒漠植物群落土壤有效种子库

数据集摘要：调查荒漠植物群落单位面积土壤有效种子数量、种类的数据集。

数据集时间范围：2005—2006 年

数据集名称：荒漠植物群落灌木物候观测

数据集摘要：记录荒漠植物群落中灌木的物候，包括：芽期、花期、果期等。

数据集时间范围：2005—2006 年

数据集名称：荒漠植物群落草本植物物候观测

数据集摘要：记录荒漠植物群落中灌木的物候，包括：芽期、花期、果期等。

数据集时间范围：2005—2006 年

数据集名称：荒漠植物群落凋落物回收量季节动态

数据集摘要：记录荒漠主要植物群落凋落物的回收量季节动态，包括枯枝、落叶、花果等部分的凋落量。

数据集时间范围：2005—2006 年

数据集名称：荒漠植物群落优势植物和凋落物的元素含量与能值

数据集摘要：纪录荒漠植物群落优势植物与其凋落物氮、磷、钾等各类元素的含量与植物能值。

数据集时间范围：2005—2006 年

数据集名称：荒漠植物群落植被空间分布格局变化

数据集摘要：记录荒漠植物群落植被空间分布的种类、数量、密度、高度等数据。

数据集时间范围：2005—2006 年

数据集名称：荒漠植物群落土壤微生物生物量碳季节动态

数据集摘要：记录荒漠植物群落土壤中土壤微生物生物量碳季节动态的数据。

数据集时间范围：2005—2006 年

2.2　土壤数据资源目录

数据集名称：农田土壤交换量

数据集摘要：农田土壤交换性阳离子总量、交换性酸总量、各阳离子交换量。

数据集时间范围：2005—2006 年

数据集名称：农田表层土壤养分

数据集摘要：农田表层土壤养分、有机质、全氮、pH 值。

数据集时间范围：2005—2006 年

数据集名称：农田土壤矿质全量

数据集摘要：农田土壤各矿质元素的全量组成。

数据集时间范围：2005—2006 年

数据集名称：农田土壤微量元素和重金属元素

数据集摘要：农田土壤微量元素以及重金属元素的含量，例如全硼，全钼，全锰等。

数据集时间范围：2005—2006 年

数据集名称：农田不同层次土壤速效氮

数据集摘要：农田土壤速效氮含量，包括硝态氮和铵态氮。

数据集时间范围：2005—2006 年

数据集名称：农田速效土壤微量元素

数据集摘要：农田土壤速效微量元素含量。

数据集时间范围：2005—2006 年

数据集名称：农田土壤机械组成

数据集摘要：农田土壤机械组成，包括各级别颗粒的百分比组成、鹰潭站。

数据集时间范围：2005—2006 年

数据集名称：农田土壤容重

数据集摘要：农田土壤容重。

数据集时间范围：2005—2006 年

数据集名称：农田土壤可溶性盐

数据集摘要：记录农田土壤可溶性盐的含量和电导率。

数据集时间范围：2005—2006 年

数据集名称：农田土壤养分之肥料长期

数据集摘要：记录农田不同肥料处理下的土壤养分数据。

数据集时间范围：2005—2006 年

数据集名称：农田作物产量和养分含量

数据集摘要：记录农田不同肥料处理下的作物产量和养分含量。

数据集时间范围：2005—2006 年

2.3 水分数据资源目录

数据集名称：农田中子仪土壤含水量

数据集摘要：中子仪测量的各生态站农田土壤体积含水量和土层储水量。

数据集时间范围：2005—2006 年

数据集名称：农田土壤含水量

数据集摘要：烘干法测量的各生态站农田土壤质量含水量和土层储水量。

数据集时间范围：2005—2006 年

数据集名称：农田地表水、地下水质状况

数据集摘要：各农田生态站地表水和地下水的水质状况分析。

数据集时间范围：2005—2006 年

数据集名称：农田地下水位记录

数据集摘要：各农田生态站地下水的水位。

数据集时间范围：2005—2006 年

数据集名称：农田蒸散日报表（大型蒸渗仪）

数据集摘要：大型蒸渗仪测量的 7 个农田生态站的蒸散量，叶面积指数，气温，湿度，风速，降水，灌溉量。

数据集时间范围：2005—2006 年

数据集名称：农田蒸散日报表（水量平衡法）

数据集摘要：水量平衡法测量的生态站的蒸散量、土层储水量。

数据集时间范围：2005—2006 年

数据集名称： 农田土壤水分常数

数据集摘要： 土壤田间持水量，土壤凋萎含水量，土壤孔隙度总量。

数据集时间范围： 2005—2006 年

数据集名称： 水面蒸发量表

数据集摘要： 记录个农田站的水面蒸发量表。

数据集时间范围： 2005—2006 年

数据集名称： 农田水分特征曲线

数据集摘要： 农田含水量与水吸力对应值列表。

数据集时间范围： 2005—2006 年

数据集名称： 雨水水质表

数据集摘要： 雨水水质表。

数据集时间范围： 2005—2006 年

数据集名称： 农田灌溉量记录表

数据集摘要： 记录各生态站农田灌溉量。

数据集时间范围： 2005—2006 年

2.4 大气数据资源目录

数据集名称： 农田站站区自动气象观测站干球温度各日逐时观测表

数据集摘要： 记录各生态站每日 24 小时的干球温度。

数据集时间范围： 2005—2006 年

数据集名称： 农田站站区自动气象观测站湿球温度各日逐时观测表

数据集摘要： 记录各生态站每日 24 小时的湿球温度。

数据集时间范围： 2005—2006 年

数据集名称： 农田站站区自动气象观测站相对湿度各日逐时观测表

数据集摘要： 记录各生态站每日 24 小时的相对湿度。

数据集时间范围： 2005—2006 年

数据集名称： 农田站站区自动气象观测站大气压强各日逐时观测表

数据集摘要： 记录各生态站每日 24 小时的大气压强。

数据集时间范围： 2005—2006 年

数据集名称： 农田站站区自动气象观测站地表温度各日逐时观测表

数据集摘要： 记录各生态站每日 24 小时的地表温度。

数据集时间范围： 2005—2006 年

数据集名称： 农田站站区自动气象观测站风向各日逐时观测表

数据集摘要： 记录各生态站每日 24 小时的风向。

数据集时间范围： 2005—2006 年

数据集名称： 农田站站区自动气象观测站风速各日逐时观测表

数据集摘要： 记录各生态站每日 24 小时的风速。

数据集时间范围： 2005—2006 年

数据集名称： 农田站站区自动气象观测站降水各日逐时观测表

数据集摘要： 记录各生态站每日 24 小时的降水。

数据集时间范围： 2005—2006 年

数据集名称： 农田站站区自动气象观测站逐日蒸发量、雪深观测表

数据集摘要： 记录各生态站蒸发量、雪深的日平均值。

数据集时间范围： 2005—2006 年

数据集名称： 农田站站区自动气象观测站各月逐日太阳辐射总量（MJ/m^2）

数据集摘要： 记录各生态站各种太阳辐射总量的日平均值。

数据集时间范围： 2005—2006 年

数据集名称： 农田站站区自动气象观测站气象要素月平均值表

数据集摘要： 记录各生态站气象常规观测要素的月平均值。

数据集时间范围： 2005—2006 年

数据集名称： 农田站站区自动气象观测站蒸发量、雪深月平均值表

数据集摘要： 记录各生态站蒸发量、雪深的月平均值。

数据集时间范围： 2005—2006 年

数据集名称： 农田站站区自动气象观测站太阳辐射总量（MJ/m^2）月平均值表

数据集摘要： 记录各生态站各种太阳辐射总量的月平均值。

数据集时间范围： 2005—2006 年

数据集名称： 农田站站区自动气象观测站各月极端最高气温及出现日期

数据集摘要： 记录各生态站各月的极端最高气温以及出现的日期。

数据集时间范围： 2005—2006 年

数据集名称： 农田站站区自动气象观测站各月极端最低气温及出现日期

数据集摘要： 记录各生态站各月的极端最低气温以及出现的日期。

数据集时间范围： 2005—2006 年

数据集名称： 人工气象观测数据表一

数据集摘要： 记录各生态站逐日人工气象观测数据，包括气温、气压、相对湿度、湿球温度、地

表温度、风向、风速、日照时数等要素。

数据集时间范围： 2005—2006 年

数据集名称： 人工气象观测数据表二

数据集摘要： 记录各生态站逐日人工气象观测数据，包括蒸发量、降水量、能见度、雪深、初霜、终霜、冻土深度等要素。

数据集时间范围： 2005—2006 年

第三章

观测场和采样地

3.1 概述

策勒站共有 11 个荒漠观测场和农田观测场，主要观测场的空间位置见图 3-1，11 个观测场又分为 27 个采样地，观测场和采样地见表 3-1。本站的观测场分为三类，第一类是荒漠观测场，其中包括一个综合观测场，两个辅助观测场，植被类型均为荒漠自然植被，以骆驼刺，花花柴、柽柳等为主；第二类是绿洲农田观测场，其中包括一个综合观测场，主要种植棉花、玉米等农作物；辅助观测场三个，一个为高产栽培模式，一个为对照栽培模式，都是种植棉花、玉米等农作物，与综合观测场种植方式一样，采取不同的管理模式；另一个是空白对照，维持自然植被生长模式，不进行种植和管理；第三类为水分观测采样地，只进行水质监测的水样采集，包括流动地表水、静止地表水和地下水三个采样点。此外还有站区调查点三个，为农民自管农田，由农民自主管理，只是对其管理和田间监测指标进行观测和记载，对其种植和管理模式不进行任何指导或者干预。主要用于土壤和生物的观测和采样，作为农田综合观测场的对比。长期定位观测场的农作物种植主要是棉花和玉米，也是当地的主栽农作物，采用不定期轮作的方式。当地农民的农作物种植田中，多数间作种植果树，比如石榴、桑树、杏树等。

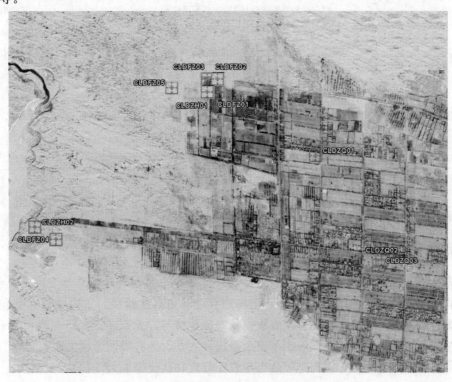

图 3-1　策勒站主要观测场空间位置示意图

表 3-1　策勒站站观测场、采样地一览表

观测场名称	观测场代码	采样地名称	采样地代码
策勒荒漠综合观测场	CLDZH02	荒漠综合观测场土壤生物采样地	CLDZH02ABC_01
		荒漠综合观测场中子管采样地	CLDZH02CTS_01
		荒漠综合观测场烘干法采样地	CLDZH02CHG-01
策勒荒漠辅助观测场	CLDFZ04	荒漠辅助观测场一土壤生物采样地	CLDFZ04ABO_01
	CLDFZ05	荒漠辅助观测场二土壤生物采样地	CLDFZ05ABO_01
策勒绿洲农田综合观测场（常规栽培模式）	CLDZH01	绿洲农田综合观测场（常规栽培模式）土壤生物采样地	CLDZH01ABC_01
		绿洲农田综合观测场（常规栽培模式）中子管采样地	CLDZH01CTS_01
		绿洲农田综合观测场（常规栽培模式）烘干法采样地	CLDZH01CHG-01
策勒绿洲农田辅助观测场一（高产栽培模式）	CLDFZ01	绿洲农田辅助观测场一（高产栽培模式）土壤生物采样地	CLDFZ01ABO_01
		绿洲农田辅助观测场一（高产栽培模式）中子管采样地	CLDFZ01CTS_01
策勒绿洲农田辅助观测场二（不施肥对照）	CLDFZ02	绿洲农田辅助观测场二（不施肥对照）土壤生物采样地	CLDFZ02ABO_01
		绿洲农田辅助观测场二（不施肥对照）中子管采样地	CLDFZ02CTS_01
策勒绿洲农田辅助观测场三（自然空白对照）	CLDFZ03	绿洲农田辅助观测场三（自然空白对照）土壤生物采样地	CLDFZ03ABO_01
		绿洲农田辅助观测场三（自然空白对照）中子管采样地	CLDFZ03CTS_01
策勒绿洲农田站区调查点	CLDZQ01	站区调查点农户一土壤生物采样地	CLDZQ01ABO_01
	CLDZQ02	站区调查点农户二土壤生物采样地	CLDZQ02ABO_01
	CLDZQ03	站区调查点农户三土壤生物采样地	CLDZQ03ABO_01
策勒综合气象要素观测场	CLDQX01	综合气象观测场人工气象观测场地	CLDQX01DRG_01
		综合气象观测场自动气象观测场地	CLDQX01DZD_01
		综合气象要素观测场中子管采样地	CLDQX01CTS_01
		综合气象要素观测场 E601 蒸发采样地	CLDQX01CZF_01
		综合气象要素观测场 20cm 蒸发采样地	CLDQX01CZF_02
		综合气象要素观测场雨水观测采样地	CLDQX01CYS_01
策勒水位水质观测场	CLDZH02	荒漠综合观测场井水观测采样地	CLDZH02CDX_01
	CLDFZ10	绿洲综合观测场农田（常规栽培模式）井水观测采样地	CLDFZ10CDX_01
	CLDFZ11	流动地表水质采样地	CLDFZ11CLB_01
	CLDFZ12	静止地表水质采样地	CLDFZ12CJB_01
	CLDFZ13	灌溉水井水质采样地	CLDFZ13CGD_01

3.2　观测场的介绍

3.2.1　策勒荒漠综合观测场

　　策勒站荒漠综合观测场位于策勒县托怕村，四周均为荒漠，经度范围为东经 $80°42'22''$ 至 $80°42'28''$，纬度范围为北纬 $37°00'26''$ 至 $37°00'30''$，该观测场建立之前为自然荒漠，主要植被有骆驼刺，叉枝丫葱、蓝刺头等自然植被，当地农民在里面放牧，秋季砍伐植被，无人进行专门管理。由于风沙危害和侵蚀以及植被的影响，整个区域风积形成了多个沙包和沙龙，也有风蚀形成的沟壑板地。观测场建立以后，采用稀疏的铁丝网围栏，主要是限制当地农民放牧和砍伐等人为干扰。

　　策勒荒漠综合观测场 2004 年建立，设计使用年限为 100 年以上，海拔高度 1 305.51 米，样地为

图 3-2　荒漠综合观测场

长方形，150m×145m，主要观测内容包括生物、土壤和水分。

荒漠综合观测场中的采样地包括（1）土壤生物采样地；（2）土壤含水量中子管采样地；（3）土壤含水量烘干法采样地；（4）荒漠区地下水位水质采样地。荒漠综合观测场的采样地简单描述如下：

3.2.1.1　荒漠综合观测场生物土壤采样地

根据生物监测规范进行监测和采样。

3.2.1.2　荒漠综合观测场土壤采样地

荒漠综合观测场的土壤采样地在整个观测场的西北部，面积大约为 100m×100m，根据土壤分中心的土壤监测规范的要求，将采样地再分成 16 个小的采样地。每年在其中的 6 个小样地中各采集一个表层土壤分析样品。第一年从标有 A 的小采样地中采样，第二年则从标有 B 的采样地中采样，每年交换一次，依次类推。采集样品的时候，在每个小样地中，按 S 型采集至少 10 个表层土壤样品，经充分混合并缩分为一个分析样品。采样点的分区见示意图 3-3。

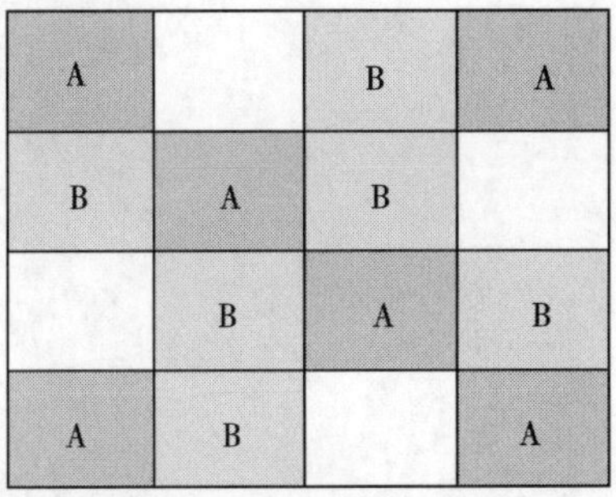

图 3-3　土样采集分区图示

3.2.1.3　荒漠综合观测场中子管采样地

策勒荒漠综合观测场中子管采样地主要观测土壤含水量，观测场的东南角是专门划分出来的土壤含水量中子管采样地。该观测场中共有 5 根水分中子管。每个中子管的观测深度均为 0～200cm，60cm 以内为每 10cm 一层，60cm 以下为每 20cm 一层，总共 13 层，观测深度分别为 10cm，20cm，30cm，40cm，50cm，60cm，80cm，100cm，120cm，140cm，160cm，180cm，200cm。观测频率为每个月 3 次，分别于每个月的 10 日，20 日和月底进行。

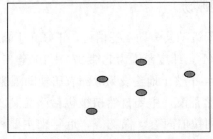

图 3-4　荒漠综合观测场中子管布设示意图

3.2.1.4 荒漠综合观测场烘干法采样地

策勒荒漠综合观测场烘干法采样地，主要用于烘干法测定土壤含水量，采样的方法是在设定的一个原有中子管周围 1m 内采样。观测深度为 0～200cm，土壤的分层和中子仪法的分层完全相同，60cm 内每 10cm 一层，60cm 以下每 20cm 一层，频率为 1 次/2 个月，双月的月底采样测定，因为烘干法采样会对中子管周围的土壤造成损坏，所以若干次采样以后就要更换其它的中子管。

3.2.2 荒漠辅助观测场

荒漠辅助观测场是为了和荒漠综合观测场进相对比而设置的，没有进行专门的围栏，可以进行人为的干扰，比如放牧和砍伐，主要观测人为干扰条件下土壤结构、养分和生物状况等方面的变化。

3.2.2.1 策勒辅助观测场四（荒漠辅助观测场一）

位于策勒荒漠综合观测场附近，也在策勒河的转弯处，面积为 100m×100m，植被以骆驼刺为主，坐标为东经 80°42′34″，北纬 37°00′26″，主要进行土壤和生物观测及采样。

生物监测的观测和采样，根据生物监测规范进行监测和采样。

土壤监测中，土壤的采样分区和荒漠综合观测场基本一样，分区图见图 3-3。也是将整个样地分为 16 个小样地，每年采集 6 个表层土壤样品，第一年采集标有 A 的小区的土壤样品，第二年采集标有 B 的小区土壤样品，每年交换一次，依次类推。在每个小样地中，按 s 型采集 10 个表层土壤样品，混合为一个分析样品。

图 3-5　荒漠辅助观测场

3.2.2.2 策勒辅助观测场五（荒漠辅助观测场二）

位于策勒站区的西侧，主要植被有骆驼刺、花花柴、叉枝芽葱等，地理坐标为东经 80°43′25″，北纬 37°01′18″。进行土壤和生物观测和采样。其采样点的分区和分布状况与策勒辅助观测场四（荒漠辅助观测场一）完全相同，不再重复表述。

3.2.3 绿洲农田综合观测场

策勒绿洲农田综合观测场位于策勒县策勒乡托怕村，正好介于新垦绿洲和自然荒漠的交界处。经度范围为东经 80°43′37″至 80°43′41″，纬度范围为北纬 37°01′16″至 37°01′20″，东边和南边为本站新垦的农田，北部为自然荒漠，2004 年平整土地建设为绿洲农田辅助观测场（空白）。本观测场已经有 15 年的耕作种植历史，再以前为自然荒漠，主要自然植被包括骆驼刺、花花柴、柽柳等，1994 年左右开垦为农田，曾经种植过苜蓿、阿拉伯茴香、棉花等，近年来主要种植棉花和玉米，不定期进行轮作，春季用井水灌溉，夏季以后用策勒河的洪水灌溉。春季种植农作物前，施用有机肥，同时使用尿素和磷酸二铵等作为底肥一起全层施入，追肥主要是尿素，一般每年追两次。耕种上采用中型拖拉机耕地，机械播种或者机械铺膜人工播种，灌溉方式均为漫灌。土壤类型为风沙土，土壤肥力比较低，海拔高度 1 305.51m，观测场的形状为正方形，面积 100m×100m，四周留有保护行，主要观测内容包括生物、土壤和水分。绿洲农田综合观测场的采样地简单描述如下。

图 3-6　绿洲农田综合观测场

3.2.3.1　绿洲农田综合观测场生物采样地

根据生物监测规范进行监测和采样。

3.2.3.2　绿洲农田综合观测场土壤采样地

土壤监测的采样分区见图 3-3，和策勒荒漠综合观测场完全相同，也是将整个样地分为 16 个小样地，每年采集 6 个表层土壤样品，一年采集标有 A 小区的土壤样品，隔年采集标有 B 小区的土壤样品，在每个小样地中，按 s 型采集 10 个表层土壤样品，混合为一个分析样品。

3.2.3.3　绿洲农田综合观测场中子管采样地

策勒绿洲农田综合观测场中子管采样地主要观测土壤含水量。绿洲农田综合观测场中心位置布设共有 3 根水分中子管，布设位置见图 3-7，每个中子管的观测深度为 0～200cm，60cm 以内为每 10cm 一层，60cm 以下为每 20cm 一层，总共 13 层，观测层分别为 10，20，30，40，50，60，80，100，120，140，160，180，200cm。观测频率为每 5 天一次，每个月 6 次，分别为每个月的 5，10，15，20，25 日和月底进行观测。

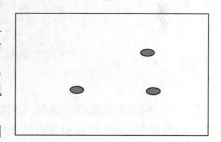

图 3-7　绿洲观测场中子管布设

3.2.3.4　绿洲农田综合观测场烘干法采样地

策勒绿洲农田综合观测场烘干法采样地，主要用于烘干法测定土壤含水量，其采样观测点也是已设定的中子管，采样的时候在中子管周围 1m 内采样。观测深度为 0～200cm，土壤的分层和中子仪法的分层完全相同，60cm 内每 10cm 一层，60cm 以下每 20cm 一层，频率为 1 次/2 个月，双月的月底采样测定，因为烘干法采样会对中子管周围的土壤造成损坏，所以若干次采样以后就要更换其它的中子管。

3.2.4　绿洲农田辅助观测场

农田辅助观测场有三个，各自代表不同的类型，分别为高产、对照和空白。

3.2.4.1　绿洲农田辅助观测场（高产）

位置在绿洲农田综合观测场的东侧，经度范围为东经 80°43′42″至 80°43′46″，纬度范围为北纬 37°01′16″至 37°01′20″，耕作历史和方法等都和综合观测场基本一致，因为策勒站曾经承担了中国科学院特别支持项目棉花高产的研究，并连续三年创造了世界棉花的最高产量，亩产皮棉达到 250 公斤以上，所以设置高产的辅助观测场，根据高产管理栽培模式进行管理。绿洲农田辅助观测场（高产）的采样地简单描述如下。

（1）绿洲农田辅助观测场（高产）生物采样地

采样地根据生物监测规范进行监测和采样。

（2）绿洲农田辅助观测场（高产）土壤采样地

监测中，土壤的采样分区和荒漠综合观测场基本一样，分区图见图3-3。也是将整个样地分为16个小样地，每年采集6个表层土壤样品，第一年采集标有A的小区土壤样品，第二年采集标有B的小区土壤样品，每年交换一次，依次类推。在每个小样地中，按s型采集10个表层土壤样品，混合为一个分析样品。

（3）绿洲农田辅助观测场（高产）中子管采样地

绿洲农田辅助观测场（高产）和绿洲农田综合观测场一样，在中心位置共设有三个土壤水分中子管，布设方式和综合观测场一样，每个中子管的观测深度为0～200cm，60cm以内为每10cm一层，60cm以下为每20cm一层，总共13层，观测层分别为10，20，30，40，50，60，80，100，120，140，160，180，200cm。观测频率为每个月6次，分别于每个月的5，10，15，20，25和月底观测。中子管的布设见图3-7。

图3-8　绿洲农田辅助观测场（高产）

3.2.4.2　绿洲农田辅助观测场（对照）

该观测场2004年以前为自然荒漠，2004年平整土地建设为绿洲农田辅助观测场，种植棉花、玉米等，不定期轮作，不施用任何肥料，其余采用正常管理方式。该观测场位于绿洲农田辅助观测场（高产）的北面，经度范围为东经80°43′37″至80°43′41″，纬度范围为北纬37°01′21″至37°01′25″。绿洲农田辅助观测场（对照）的采样地简单描述如下。

（1）绿洲农田辅助观测场（对照）生物采样地

根据生物监测规范进行监测和采样。

（2）绿洲农田辅助观测场（对照）土壤采样地

土壤监测中，土壤的采样分区和荒漠综合观测场基本一样，分区图见图3-3。也是将整个样地分为16个小样地，每年采集6个表层土壤样品，第一年采集标有A的小区土壤样品，第二年采集标有B的小区土壤样品，每年交换一次，依次类推。在每个小样地中，按s型采集10个表层土壤样品，混合为一个分析样品。

（3）绿洲农田辅助观测场（对照）中子管采样地

绿洲农田辅助观测场和综合观测场一样，在中心位置共设有三个土壤水分中子管，布设方式也和综合观测场一样，每个中子管的观测深度为0～200cm，60cm以内为每10cm一层，60cm以下为每

20cm一层，总共13层，观测深度分别为10，20，30，40，50，60，80，100，120，140，160，180，200cm。观测频率为每个月6次，分别于每个月的5，10，15，20，25和月底进行观测。中子管的位置和布设见图3-7。

图3-9　绿洲农田辅助观测场（对照）

3.2.4.3　绿洲农田辅助观测场（空白）

绿洲农田辅助观测场（空白），紧挨着绿洲农田综合观测场和辅助观测场（对照），也是生长着自然植被骆驼刺和花花柴等，经度范围为东经80°43′42″至80°43′46″，纬度范围为北纬37°01′21″至37°01′24″。2004年以前是自然荒漠，生长自然植被包括骆驼刺、花花柴等，2004平整土地，建设为农田辅助观测场（空白），不进行种植和管理，仍然维持自然状态，对生物、水分和土壤进行观测。绿洲农田辅助观测场（空白）的采样地简单描述如下。

（1）绿洲农田辅助观测场（空白）生物采样地

根据生物监测规范进行监测和采样。

（2）绿洲农田辅助观测场（空白）土壤采样地

土壤监测中，土壤的采样分区和荒漠综合观测场一样，采样的分区见图3-3。也是将整个样地分为16个小样地，每年采集6个表层土壤样品，第一年采集标有A的小区土壤样品，第二年采集标有B的小区土壤样品，每年交换一次，依次类推。在每个小样地中，按s型采集10个表层土壤样品，混合为一个分析样品。

（3）绿洲农田辅助观测场（空白）中子管采样地

绿洲农田辅助观测场和综合观测场一样，在中心位置共设有三个土壤水分中子管，布设方式和综合观测场一样，每个中子管的观测深度为0～200cm，60cm以内为每10cm一层，60cm以下为每20cm一层，总共13层，观测深度分别为10，20，30，40，50，60，80，100，120，140，160，180，200cm。观测频率为每个月6次，分别于每个月的5，10，15，20，25和月底进行观测。中子管的布设见图3-7。

图3-10　绿洲农田辅助观测场（空白）

3.2.5　站区调查点

站区调查点均为当地农民的自有农田，作为本站绿洲农田综合观测场和辅助观测场的对照，种植管理完全由农民自己决定，只是对其管理措施进行记录，并定期采样对其土壤的养分状况进行监测。站区调查点一共有三个，分别为站区调查点农户一，中心点的地理坐标为东经 $80°44'29''$，北纬 $37°00'55''$；站区调查点农户二，中心点的地理坐标为东经 $80°44'59''$，北纬 $37°00'19''$；站区调查点农户三，中心点的地理坐标为东经 $80°44'57''$，北纬 $37°00'17''$。

3.2.5.1　站区调查点农户一土壤和生物采样地

站区调查点的土壤采样地面积比较小，而且形状也没有观测场规则，每年采集一个土壤分析样品，也是有 10 个以上的采集样品，混合成一个分析样品。生物监测根据监测规范进行。

3.2.5.2　站区调查点农户二土壤和生物采样地

同站区调查点一。

3.2.5.3　站区调查点农户三土壤和生物采样地

同站区调查点一。

站区调查点农户一　　　　　　站区调查点农户二　　　　　　站区调查点农户三

图 3-11　站区调查点农户土壤和生物采样地

3.2.6　策勒站综合气象观测场

策勒站综合气象观测场 2004 年 9 月，由中国生态系统研究网络综合中心组织专家选定，在策勒沙漠研究站区的北部，刚好在新垦绿洲农田和自然荒漠交界线上，气象观测场的位置 1995 年以前为自然荒漠，生长骆驼刺，花花柴，芦苇，柽柳等荒漠植物，1995 年辟为农田后，先后种植过玉米、棉花、阿拉伯茴香等。观测场正南正北方向，东西宽为 25 米，南北长为 35 米，中心点的地理坐标为：东经 $80°43'39''$，北纬 $37°01'14''$。

海拔高度：1 303.5m。观测场内中心线东西分开，东半部为自动站仪器，包括风杆，风向风速传感器，温湿度传感器，感雨器、辐射架（日照计、总辐射、反射辐射、光合有效辐射、紫外辐射、净辐射等），雨量桶，土壤热通量，土壤温度（0 cm、5 cm、10 cm、15 cm、20 cm、40 cm、60 cm、80 cm、100cm）等。西半部为人工观测仪器，包括风杆风向风速仪，百叶箱

图 3-12　综合气象观测场

（温度、最高温度、最的温度、湿球温度、毛发湿度）、雨量桶，20cm 蒸发皿，地表温度、地表最高

温度、地表最低温度等，日照计设在南段的中央，其后面为冻土器。左上角为水分观测场地，包括E601蒸发器，土壤水分中子管等。气象综合观测场的面积为25m×35m，形状以及仪器的布设见图3-13。综合气象观测场的观测场地和采样地简单描述如下。

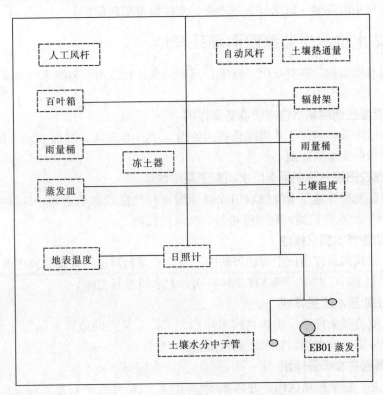

图3-13　气象观测场仪器布设示意图

气象观测场的四周概况，东部有35m左右的弃耕荒漠，再往东隔路为农田，种植棉花，南部、西部为自然荒漠，生长有骆驼刺、花花柴、沙拐枣等荒漠植被，北部有10m左右的弃耕荒地，隔路后为本站绿洲农田综合观测场，由于本站地处荒漠区，观测场内只有骆驼刺、花花柴、芦苇等多年生的荒漠植物，盖度20%以下，地下水位深为16m左右，降雨稀少，荒漠植物生长缓慢，偶尔需要人工剪短。

3.2.6.1　综合气象观测场人工观测场地

人工观测仪器主要分布在气象综合观测场的西半部，包括人工站风杆、百叶箱、雨量筒、冻土器、人工蒸发器、地表温度、日照计等，每天观测三次，分别为北京时间每天的8点、14点和20点。

3.2.6.2　综合气象观测场自动观测场地

气象自动观测仪器主要分布在观测场的东半部，即右半部，主要有自动站风杆、感雨器、温湿度计、辐射装置、日照计、雨量计、地表温度和土壤温度等，全部自动观测，并经过计算后每小时存储一组观测数据。

3.2.6.3　综合气象观测场中子管采样地

中子管采样地在气象综合观测场的东南角，即右下角，设有两根水分中子管，每5天测定一次土壤含水量，观测深度和其他观测场相同。

3.2.6.4　综合气象观测场雨水观测采样地

雨水观测采样地位于气象观测场的左半部，即人工雨量筒，下雨的时候除了观测降雨量外，要收集雨水进行雨水水质的测定。本站降水量小，经常出现在规定期限内收集的降水量太少或者根本没有降水，无法满足测定要求。

3.2.6.5　综合气象观测场蒸发观测采样地

蒸发采样地在气象综合观测场的东南角，分为人工观测和自动观测两部分，人工观测每天观测三次，和气象人工观测时间相一致，每天北京时间的早 8 点，中午 14 点和晚上 20 点。自动观测每 5 分钟测定一次水位，每小时存储一组水位、蒸发量、水体温度等数据。

3.2.7　策勒站水位水质监测观测场采样地

策勒站的水位水质监测，共有 5 个采样地，其中两个是水位水质监测采样地，另外三个只采样进行水质的监测。

3.2.7.1　策勒荒漠综合观测场水位水质监测采样地

该水质、水位监测采样地位于荒漠综合观测场内，2004 年建成，井深 30m，每 10 天进行一次水位监测，每季度进行一次水质监测。

3.2.7.2　策勒绿洲农田综合观测场水位水质监测采样地

该水质、水位监测采样地位于绿洲农田综合观测场和气象观测场之间，2004 年建成，井深也是30m，每 10 天进行一次水位监测，每季度进行一次水质监测。

3.2.7.3　策勒流动地表水质采样地

流动地表水水质监测采样地位于策勒河的中下游，在策勒河进入策勒绿洲之前，采样点的坐标为北纬 36°5′222″，东经 80°47′496″，每季度采样一次，对水质进行监测。

3.2.7.4　策勒静止地表水质采样地

静止地表水水质监测采样地位于达玛沟水库西北部，采样点的地理坐标为北纬 36°54′25″，东经81°04′51″。每季度采集一次水样，对水质进行监测。

3.2.7.5　策勒灌溉水井水质采样地

策勒站灌溉水井，在策勒站区内，井深 80 米，建于 1990 年左右，是策勒站的主要灌溉用水井，每季度采集一次水样，对水质进行监测，井点的坐标为北纬 37°00′52″，东经 80°43′49″。

水位水质监测采样地(荒漠)　　　　　　　　水位水质监测采样地(农田)

策勒流动地表水质采样地　　　　静止地表水质采样地　　　　灌溉水井水质采样地

图 3-14　策勒灌溉水井水质采样地

第四章

长 期 监 测 数 据

4.1 生物监测数据

4.1.1 农田生物

4.1.1.1 农田作物种类与产值

表4-1 绿洲农田综合观测场（常规）农田作物种类与产值

作物类别：经济作物　　作物名称：棉花　　作物品种：策科1号

年份	播种量 （kg/hm²）	播种面积 （hm²）	占总播比率 （%）	单产 （kg/hm²）	直接成本 （元/hm²）	产值 （元/hm²）
2005	120.00	1.00	100.0	5 395.00	10 820.26	29 133.00
2006	135.00	1.00	100.0	4 717.23	10 820.26	29 133.00

表4-2 绿洲农田辅助观测场一（高产）农田作物种类与产值

作物类别：经济作物　　作物名称：棉花　　作物品种：策科1号

年份	播种量 （kg/hm²）	播种面积 （hm²）	占总播比率 （%）	单产 （kg/hm²）	直接成本 （元/hm²）	产值 （元/hm²）
2005	120.00	1.00	100.0	6 805.00	11 352.74	36 747.00
2006	135.00	1.00	100.0	6 324.31	11 352.74	36 747.00

表4-3 绿洲农田辅助观测场二（对照）农田作物种类与产值

作物类别：经济作物　　作物名称：棉花　　作物品种：策科1号

年份	播种量 （kg/hm²）	播种面积 （hm²）	占总播比率 （%）	单产 （kg/hm²）	直接成本 （元/hm²）	产值 （元/hm²）
2005	120.00	1.00	100.0	1 923.00	6 415.00	10 384.20
2006	135.00	1.00	100.0	3 695.46	6 415.00	10 384.20

注：在第四章数据集中，策勒绿洲农田综合观测场（常规栽培模式）简称绿洲农田综合观测场（常规）；策勒绿洲农田辅助观测场一（高产栽培模式）简称绿洲辅助观测场一（高产）；策勒绿洲农田辅助观测场二（不施肥对照）简称绿洲农田辅助观测场二（对照）；策勒绿洲农田辅助观测场三（自然空白对照）简称绿洲农田辅助观测场三（空白）。

4.1.1.2 农田复种指数与典型地块作物轮作体系

表4-4 绿洲农田综合观测场（常规）农田复种指数与典型地块作物轮作体系

年份	农田类型	复种指数（%）	轮作体系	当年作物
2005	水浇地	100.0	棉花—玉米	棉花
2006	水浇地	100.0	棉花—玉米	棉花

表 4 - 5　绿洲农田辅助观测场一（高产）农田复种指数与典型地块作物轮作体系

年份	农田类型	复种指数（%）	轮作体系	当年作物
2005	水浇地	100.0	棉花—玉米	棉花
2006	水浇地	100.0	棉花—玉米	棉花

表 4 - 6　绿洲农田辅助观测场二（对照）农田复种指数与典型地块作物轮作体系

年份	农田类型	复种指数（%）	轮作体系	当年作物
2005	水浇地	100.0	棉花—玉米	棉花
2006	水浇地	100.0	棉花—玉米	棉花

4.1.1.3　农田主要农作物肥料投入情况

表 4 - 7　绿洲农田综合观测场（常规）农田主要作物肥料投入情况

作物名称：棉花

年份	肥料名称	施用时间	作物生育时期	施用方式	施用量（kg/hm²）	肥料折合纯氮量（kg/hm²）	肥料折合纯磷量（kg/hm²）	肥料折合纯钾量（kg/hm²）
2005	农家肥	2005 - 04 - 02	播前期	底肥，撒施	22 500.00	—	—	—
2005	尿素	2005 - 06 - 01	苗期	追肥，沟施	150.00	69.00	—	—
2005	磷酸二氢钾铵	2005 - 05 - 25	苗期	喷施	0.30	0.05	0.02	0.03
2005	磷酸二氢钾铵	2005 - 07 - 20	铃期	喷施	0.15	0.02	0.01	0.01
2005	尿素	2005 - 07 - 20	铃期	喷施	1.95	0.90	—	—
2006	农家肥	2006 - 03 - 21	播前期	撒底肥	22 500	—	—	—
2006	尿素	2006 - 03 - 31	播前期	撒底肥	75	34.5	—	—
2006	磷酸二胺	2006 - 03 - 31	播前期	撒底肥	150	27	69	—
2006	尿素	2006 - 06 - 01	苗期	沟施	225	103.5	—	—
2006	尿素	2006 - 06 - 19	现蕾期	喷施	2.25	1.04	—	—
2006	磷酸二氢钾	2006 - 06 - 19	现蕾期	喷施	2.25	—	—	—
2006	尿素	2006 - 07 - 07	开花期	喷施	2.25	1.04	—	—
2006	磷酸二氢钾	2006 - 07 - 07	开花期	喷施	2.25	—	—	—
2006	尿素	2006 - 07 - 08	开花期	沟施	225	103.5	—	—

表 4 - 8　绿洲农田辅助观测场一（高产）农田主要作物肥料投入情况

作物名称：棉花

年份	肥料名称	施用时间（月/日/年）	作物生育时期	施用方式	施用量（kg/hm²）	肥料折合纯氮量（kg/hm²）	肥料折合纯磷量（kg/hm²）	肥料折合纯钾量（kg/hm²）
2005	农家肥	2005 - 04 - 02	播前期	底肥，撒施	30 000.00	—	—	—
2005	尿素	2005 - 04 - 02	播前期	底肥，撒施	150.00	69.00	—	—
2005	磷酸二铵	2005 - 04 - 02	播前期	底肥，撒施	300.00	54.00	138.00	—
2005	尿素	2005 - 06 - 01	苗期	追肥，沟施	375.00	172.50	—	—
2005	磷酸二铵	2005 - 05 - 25	苗期	喷施	1.50	0.27	0.69	—
2005	磷酸二氢钾铵	2005 - 06 - 29	蕾期	喷施	2.25	0.34	0.14	0.20
2005	尿素	2005 - 06 - 29	蕾期	喷施	1.50	0.69	—	—
2005	磷酸二氢钾铵	2005 - 07 - 20	铃期	喷施	2.25	0.34	0.14	0.20

（续）

年份	肥料名称	施用时间（月/日/年）	作物生育时期	施用方式	施用量（kg/hm²）	肥料折合纯氮量（kg/hm²）	肥料折合纯磷量（kg/hm²）	肥料折合纯钾量（kg/hm²）
2005	尿素	2005-07-20	铃期	喷施	1.95	0.90	—	—
2006	农家肥	2006-03-21	播前期	撒底肥	30 000	—	—	—
2006	尿素	2006-03-31	播前期	撒底肥	150	69	—	—
2006	磷酸二胺	2006-03-31	播前期	撒底肥	225	40.5	103.5	
2006	尿素	2006-06-01	苗期	沟施	300	138	—	—
2006	尿素	2006-06-19	现蕾期	喷施	2.25	1.04	—	—
2006	磷酸二氢钾	2006-06-19	现蕾期	喷施	0	—	—	—
2006	尿素	2006-07-07	开花期	喷施	3	1.38	—	—
2006	磷酸二氢钾	2006-07-07	开花期	喷施	3			
2006	尿素	2006-07-08	开花期	沟施	300	138	—	—

4.1.1.4 农田主要农作物农药除草剂生长剂等投入情况

表 4-9　绿洲农田综合观测场（常规）农田主要作物农药除草剂生长剂等投入情况

作物名称：棉花

年份	药剂名称	主要有效成分	施用时间	作物生育时期	施用方式	施用量（g/hm²）
2005	噻丹	—	2005-07-20	铃期	喷施	450.00
2005	羧基铵	—	2005-07-20	铃期	喷施	75.00
2006	缩节胺	N.N-二甲基哌啶化合物	2006-06-19	现蕾期	喷施	30
2006	缩节胺	N.N-二甲基哌啶化合物	2006-07-07	初花期	喷施	30

表 4-10　绿洲农田辅助观测场一（高产）农田主要作物农药除草剂生长剂等投入情况

作物名称：棉花

年份	药剂名称	主要有效成分	施用时间	作物生育时期	施用方式	施用量（g/hm²）
2005	噻丹	—	2005-05-25	苗期	喷施	150.00
2005	羧基铵	—	2005-05-25	苗期	喷施	15.00
2005	噻丹	—	2005-06-29	铃期	喷施	375.00
2005	羧基铵	—	2005-06-29	铃期	喷施	45.00
2005	噻丹	—	2005-07-20	铃期	喷施	450.00
2005	羧基铵	—	2005-07-20	铃期	喷施	150.00
2006	缩节胺	N.N-二甲基哌啶化合物	2006-06-19	现蕾期	喷施	30
2006	缩节胺	N.N-二甲基哌啶化合物	2006-07-07	初花期	喷施	45

4.1.1.5 农田灌溉制度

表 4-11　绿洲农田综合观测场（常规）农田灌溉制度

年份	作物名称	灌溉时间	作物物候期	灌溉水源	灌溉方式	灌溉量（mm）
2005	棉花	2005-04-04	播前期	井水	漫灌	150.0
2005	棉花	2005-06-04	苗期	洪水	漫灌	120.0
2005	棉花	2005-06-22	蕾期	洪水	漫灌	120.0

（续）

年份	作物名称	灌溉时间	作物物候期	灌溉水源	灌溉方式	灌溉量（mm）
2005	棉花	2005 - 07 - 11	铃期	洪水	漫灌	120.0
2005	棉花	2005 - 08 - 02	铃期	洪水	漫灌	120.0
2005	棉花	2005 - 08 - 23	吐絮期	洪水	漫灌	120.0
2006	棉花	2006 - 03 - 29	播前期	井水	漫灌	150.0
2006	棉花	2006 - 06 - 01	苗期	洪水	漫灌	120.0
2006	棉花	2006 - 06 - 14	蕾期	洪水	漫灌	120.0
2006	棉花	2006 - 06 - 30	铃期	洪水	漫灌	120.0
2006	棉花	2006 - 07 - 17	铃期	洪水	漫灌	120.0
2006	棉花	2006 - 08 - 02	吐絮期	洪水	漫灌	120.0
2006	棉花	2006 - 08 - 23	吐絮期	洪水	漫灌	120.0

表 4 - 12　绿洲农田辅助观测场一（高产）农田灌溉制度

年份	作物名称	灌溉时间	作物物候期	灌溉水源	灌溉方式	灌溉量（mm）
2005	棉花	2005 - 04 - 04	播前期	井水	漫灌	150.0
2005	棉花	2005 - 06 - 04	苗期	洪水	漫灌	120.0
2005	棉花	2005 - 06 - 22	蕾期	洪水	漫灌	120.0
2005	棉花	2005 - 07 - 11	铃期	洪水	漫灌	120.0
2005	棉花	2005 - 08 - 02	铃期	洪水	漫灌	120.0
2005	棉花	2005 - 08 - 23	吐絮期	洪水	漫灌	120.0
2006	棉花	2006 - 03 - 30	播前期	井水	漫灌	150.0
2006	棉花	2006 - 06 - 02	苗期	洪水	漫灌	120.0
2006	棉花	2006 - 06 - 14	蕾期	洪水	漫灌	120.0
2006	棉花	2006 - 06 - 30	铃期	洪水	漫灌	120.0
2006	棉花	2006 - 07 - 17	铃期	洪水	漫灌	120.0
2006	棉花	2006 - 08 - 02	吐絮期	洪水	漫灌	120.0
2006	棉花	2006 - 08 - 22	吐絮期	洪水	漫灌	120.0

表 4 - 13　绿洲农田辅助观测场二（对照）农田灌溉制度

年份	作物名称	灌溉时间	作物物候期	灌溉水源	灌溉方式	灌溉量（mm）
2005	棉花	2005 - 04 - 09	播前期	井水	漫灌	150.0
2005	棉花	2005 - 04 - 18	苗期	洪水	漫灌	120.0
2005	棉花	2005 - 06 - 03	苗期	洪水	漫灌	120.0
2005	棉花	2005 - 06 - 22	蕾期	洪水	漫灌	120.0
2005	棉花	2005 - 07 - 11	铃期	洪水	漫灌	120.0
2005	棉花	2005 - 08 - 02	铃期	洪水	漫灌	120.0
2005	棉花	2005 - 08 - 23	吐絮期	洪水	漫灌	120.0
2006	棉花	2006 - 03 - 31	播前期	井水	漫灌	150.0
2006	棉花	2006 - 06 - 06	苗期	洪水	漫灌	120.0
2006	棉花	2006 - 06 - 16	苗期	洪水	漫灌	120.0
2006	棉花	2006 - 06 - 26	蕾期	洪水	漫灌	120.0
2006	棉花	2006 - 07 - 17	铃期	洪水	漫灌	120.0
2006	棉花	2006 - 08 - 02	铃期	洪水	漫灌	120.0
2006	棉花	2006 - 08 - 22	吐絮期	洪水	漫灌	120.0

4.1.1.6 棉花生育动态

表 4-14 绿洲农田综合观测场（常规）棉花生育动态

作物品种：策科 1 号

年份	播种期	出苗期	现蕾期	开花期	打顶期	吐絮期	最终收获期
2005	2005-04-08	2005-04-16	2005-06-09	2005-07-03	2005-07-12	2005-08-20	2005-10-20
2006	2006-04-04	2006-04-14	2006-06-13	2006-07-05	2006-07-28	2006-08-17	2006-10-27

表 4-15 绿洲农田辅助观测场一（高产）棉花生育动态

作物品种：策科 1 号

年份	播种期	出苗期	现蕾期	开花期	打顶期	吐絮期	最终收获期
2005	2005-04-12	2005-04-23	2005-06-14	2005-07-10	2005-07-20	2005-08-26	2005-10-20
2006	2006-04-04	2006-04-13	2006-06-12	2006-07-03	2006-07-28	2006-08-15	2006-10-27

表 4-16 绿洲农田辅助观测场二（对照）棉花生育动态

作物品种：策科 1 号

年份	播种期	出苗期	现蕾期	开花期	打顶期	吐絮期	最终收获期
2005	2005-04-12	2005-04-21	2005-06-11	2005-07-07	2005-07-19	2005-08-26	2005-10-20
2006	2006-04-04	2006-04-16	2006-06-14	2006-07-06	2006-07-28	2006-08-18	2006-10-27

4.1.1.7 作物叶面积与生物量动态

表 4-17 绿洲农田综合观测场（常规）作物叶面积与生物量动态

作物名称：棉花　作物品种：策科 1 号

年份	月份	作物物候期	密度（株或穴/m²）	群体高度（cm）	叶面积指数	调查株（穴）数	地上部总鲜重（g/m²）	茎干重（g/m²）	叶干重（g/m²）	地上部总干重（g/m²）
2005	5	出苗期	39	11.0	0.20	39	103.83	5.64	11.83	17.47
2005	6	现蕾期	40	24.8	0.79	40	630.72	49.00	68.17	117.17
2005	7	开花期	36	61.6	3.62	36	2 569.14	258.14	204.12	462.26
2005	7	打顶期	34	73.4	4.03	34	4 134.72	497.90	278.60	776.50
2005	8	吐絮期	23	60.1	2.06	30	4 094.84	910.45	221.46	1 131.91
2005	9	收获期	35	62.2	—	—	—	—	—	1 403.93
2006	5	出苗期	36	11.5	0.18	36	94.54	4.95	9.60	15.90
2006	6	现蕾期	34	27.1	0.67	34	590.52	45.62	77.20	129.80
2006	7	开花期	43	62.4	4.32	43	2 495.47	232.19	197.80	398.40
2006	7	打顶期	38	74.3	4.50	38	4 238.23	458.20	250.20	725.90
2006	8	吐絮期	41	61.6	3.67	41	4 150.97	885.29	214.60	1 098.30
2006	9	收获期	38	64.2	—	38	—	—	—	1 362.70

表 4-18 绿洲农田辅助观测场一（高产）作物叶面积与生物量动态

作物名称：棉花　作物品种：策科 1 号

年份	月份	作物物候期	密度（株或穴/m²）	群体高度（cm）	叶面积指数	调查株（穴）数	地上部总鲜重（g/m²）	茎干重（g/m²）	叶干重（g/m²）	地上部总干重（g/m²）
2005	5	出苗期	39	11.0	0.20	39	103.83	5.64	11.83	17.47
2005	6	现蕾期	40	24.8	0.79	40	630.72	49.00	68.17	117.17

（续）

年份	月份	作物物候期	密度（株或穴/m²）	群体高度（cm）	叶面积指数	调查株（穴）数	地上部总鲜重（g/m²）	茎干重（g/m²）	叶干重（g/m²）	地上部总干重（g/m²）
2005	7	开花期	36	61.6	3.62	36	2 569.14	258.14	204.12	462.26
2005	7	打顶期	34	73.4	4.03	34	4 134.72	497.90	278.60	776.50
2005	8	吐絮期	23	60.1	2.06	30	4 094.84	910.45	221.46	1 131.91
2005	9	收获期	35	62.2	—	—	—	—	—	1 403.93
2006	5	出苗期	44	11.6	0.32	44	180.90	18.00	29.60	47.60
2006	6	现蕾期	35	24.1	0.99	35	733.10	65.80	86.30	152.10
2006	7	开花期	37	22.5	3.81	37	2 830.70	306.20	194.20	600.40
2006	7	打顶期	36	44.5	4.59	36	3 971.80	523.70	305.70	743.20
2006	8	吐絮期	38	50.9	3.20	38	5 484.50	1 041.40	325.70	1 497.70
2006	9	收获期	39	48.6	—	39	—	—	—	1 854.80

表 4-19　绿洲农田辅助观测场二（对照）作物叶面积与生物量动态

作物名称：棉花　　作物品种：策科 1 号

年份	月份	作物物候期	密度（株或穴/m²）	群体高度（cm）	叶面积指数	调查株（穴）数	地上部总鲜重（g/m²）	茎干重（g/m²）	叶干重（g/m²）	地上部总干重（g/m²）
2005	5	出苗期	43	12.8	0.31	43	171.64	10.61	20.60	31.21
2005	6	现蕾期	48	26.3	1.36	48	882.11	72.39	130.62	203.01
2005	7	开花期	34	47.9	3.50	34	2 666.82	295.51	220.17	515.68
2005	7	打顶期	37	70.2	4.72	37	4 347.45	519.04	333.38	852.42
2005	8	吐絮期	34	70.2	2.86	34	5 524.73	950.79	244.07	1 194.86
2005	9	收获期	36	68.0	—	—	—	—	—	1 760.74
2006	5	出苗期	46	11.0	0.16	46	84.80	6.90	10.90	17.80
2006	6	现蕾期	39	25.1	0.90	39	599.00	52.10	106.90	158.60
2006	7	开花期	53	29.0	1.93	53	909.50	220.20	145.00	410.20
2006	7	打顶期	42	40.1	2.74	42	1 832.40	318.20	161.30	466.90
2006	8	吐絮期	41	49.3	1.77	41	2 111.80	421.80	171.30	545.30
2006	9	收获期	38	48.6	—	38	—	—	—	745.30

4.1.1.8　耕作层作物根生物量

表 4-20　绿洲农田综合观测场（常规）耕作层作物根生物量

作物名称：棉花　　作物品种：策科 1 号

年份	月份	作物生育时期	样方面积（cm×cm）	耕作层深度（cm）	根干重（g/m²）	约占总根干重比例（%）
2005	9	收获期	100×100	20	150.89	72.2
2005	9	收获期	100×100	20	164.28	68.1
2006	9	收获期	100×100	20	121.60	68.4
2006	9	收获期	100×100	20	104.80	62.3

表 4-21　绿洲农田辅助观测场一（高产）耕作层作物根生物量

作物名称：棉花　　作物品种：策科 1 号

年份	月份	作物 生育时期	样方面积 （cm×cm）	耕作层深度 （cm）	根干重 （g/m²）	约占总根干重 比例（%）
2005	9	收获期	100×100	20	123.81	58.9
2005	9	收获期	100×100	20	144.59	57.6
2006	9	收获期	100×100	20	118.30	75.5
2006	9	收获期	100×100	20	137.40	68.5

表 4-22　绿洲农田辅助观测场二（对照）耕作层作物根生物量

作物名称：棉花　　作物品种：策科 1 号

年份	月份	作物 生育时期	样方面积 （cm×cm）	耕作层深度 （cm）	根干重 （g/m²）	约占总根干重 比例（%）
2005	9	收获期	100×100	20	131.11	68.0
2005	9	收获期	100×100	20	147.85	65.2
2006	9	收获期	100×100	20	119.10	80.1
2006	9	收获期	100×100	20	144.70	79.9

4.1.1.9　作物根系分布

表 4-23　绿洲农田综合观测场（常规）作物根系分布

作物名称：棉花　　作物品种：策科 1 号

年份	月份	作物 生育时期	0～10cm 根干重 （g/m²）	10～20cm 根干重 （g/m²）	20～30cm 根干重 （g/m²）	30～40cm 根干重 （g/m²）	40～60cm 根干重 （g/m²）	60～80cm 根干重 （g/m²）	80～100cm 根干重 （g/m²）
2005	9	收获期	130.63	20.26	11.18	7.04	15.92	12.55	11.51
2005	9	收获期	152.92	11.36	7.15	18.55	22.93	16.71	11.47
2006	9	收获期	105.90	15.70	9.70	11.70	12.40	11.80	10.50
2006	9	收获期	90.30	14.50	10.40	12.40	17.60	12.30	10.80

说明：

（1）按作物生育时期平均。

（2）列出不同年份调查情况。

表 4-24　绿洲农田辅助观测场一（高产）作物根系分布

作物名称：棉花　　作物品种：策科 1 号

年份	月份	作物 生育时期	0～10cm 根干重 （g/m²）	10～20cm 根干重 （g/m²）	20～30cm 根干重 （g/m²）	30～40cm 根干重 （g/m²）	40～60cm 根干重 （g/m²）	60～80cm 根干重 （g/m²）	80～100cm 根干重 （g/m²）
2005	9	收获期	105.33	18.48	20.16	15.71	21.63	17.72	11.16
2005	9	收获期	123.13	21.46	23.23	22.28	24.03	22.68	14.41
2006	9	收获期	94.90	23.40	9.50	11.50	4.70	8.90	3.70
2006	9	收获期	112.30	25.10	12.70	14.70	13.30	14.90	7.70

表 4-25　绿洲农田辅助观测场二（对照）作物根系分布

作物名称：棉花　　作物品种：策科 1 号

年份	月份	作物生育时期	0～10cm 根干重 (g/m²)	10～20cm 根干重 (g/m²)	20～30cm 根干重 (g/m²)	30～40cm 根干重 (g/m²)	40～60cm 根干重 (g/m²)	60～80cm 根干重 (g/m²)	80～100cm 根干重 (g/m²)
2005	9	收获期	105.33	18.48	20.16	15.71	21.63	17.72	11.16
2005	9	收获期	123.13	21.46	23.23	22.28	24.03	22.68	14.41
2006	9	收获期	105.50	13.60	6.60	8.60	8.40	3.80	2.10
2006	9	收获期	120.60	24.10	9.30	11.30	8.00	3.30	4.40

4.1.1.10　棉花收获期植株性状

表 4-26　绿洲农田综合观测场棉花收获期植株性状

作物品种：策科 1 号

年份	调查株数	群体株高 (cm)	第一果枝着生位 (cm)	单株果枝数	单株铃数	脱落率 (%)	铃重 (g)	衣分 (%)	籽指 (g)	霜前花百分率 (%)
2005	20	62	19	7.5	10.0	76.5	5.1	42.51	10.4	90.7
2005	20	64	18	7.2	11.3	87.0	5.9	40.39	9.8	87.2
2006	30	50.8	16.3	7.5	10.2	27.2	5.27	38.2	12.43	89.7
2006	30	58.7	18.0	6.8	10.1	22.7	5.68	37.1	12.62	88.3

表 4-27　绿洲农田辅助观测场一（高产）棉花收获期植株性状

作物品种：策科 1 号

年份	调查株数	群体株高 (cm)	第一果枝着生位 (cm)	单株果枝数	单株铃数	脱落率 (%)	铃重 (g)	衣分 (%)	籽指 (g)	霜前花百分率 (%)
2005	20	68	18	8.1	11.0	82.2	5.82	42.5	11.50	85.6
2005	20	63	20	9.0	12.9	82.4	5.85	38.6	10.96	86.3
2006	30	60.3	18.4	9.4	12.6	23.8	6.08	36.2	13.14	87.6
2006	30	56.9	20.3	11.7	11.8	20.1	5.21	38.0	13.18	91.2

表 4-28　绿洲农田辅助观测场二（对照）棉花收获期植株性状

作物品种：策科 1 号

年份	调查株数	群体株高 (cm)	第一果枝着生位 (cm)	单株果枝数	单株铃数	脱落率 (%)	铃重 (g)	衣分 (%)	籽指 (g)	霜前花百分率 (%)
2005	20	45	16	5.6	5.2	81.6	4.88	45.1	8.98	84.9
2005	20	51	16	6.9	8.1	88.7	5.37	42.3	8.87	86.7
2006	30	35.3	15.1	5.0	10.3	23.9	3.42	39.8	10.60	85.7
2006	30	24.3	13.3	3.5	9.1	22.6	3.64	39.5	10.80	88.3

4.1.1.11　作物收获期测产

表 4-29　绿洲农田综合观测场（常规）作物收获期测产

作物名称：棉花　　作物品种：策科1号

年份	测产样方面积 (m×m)	密度 (株/m²)	地上部总干重 (g/m²)	籽棉干重 (g/m²)	皮棉干重 (g/m²)	籽棉产量 (kg/hm²)	皮棉产量 (kg/hm²)
2005	2×2	35	1 403.93	536.67	228.16	5 366.69	2 282
2005	2×2	33	1 672.37	596.65	241.00	5 966.47	2 410

表 4-30　绿洲农田综合观测场作物收获期测产

作物名称：棉花　　作物品种：策科1号

年份	样方面积 (m×m)	群体株高 (cm)	密度 (株或穴/m²)	地上部总干重 (g/株)	籽棉干重 (g/株)	皮棉干重 (g/株)	地上部总干重 (g/m²)	产量 (g/m²)
2006	2×2	50.8	33	46.48	12.97	4.30	1 533.73	428.11
2006	2×2	58.7	40	48.07	12.63	4.68	1 922.83	505.34

注：2006年以后采用新表

表 4-31　绿洲农田辅助观测场一（高产）作物收获期测产

作物名称：棉花　　作物品种：策科1号

年份	测产样方面积 (m×m)	密度 (株/m²)	地上部总干重 (g/m²)	籽棉干重 (g/m²)	皮棉干重 (g/m²)	籽棉产量 (kg/hm²)	皮棉产量 (kg/hm²)
2005	2×2	35	1 760.70	691.17	293.89	6 911.74	2 939
2005	2×2	33	2 795.80	752.94	290.80	7 529.36	2 908

表 4-32　绿洲农田辅助观测场一（高产）作物收获期测产

作物名称：棉花　　作物品种：策科1号

年份	样方面积 (m×m)	群体株高 (cm)	密度 (株或穴/m²)	地上部总干重 (g/株)	籽棉干重 (g/株)	皮棉干重 (g/株)	地上部总干重 (g/m²)	产量 (g/m²)
2006	2×2	60.3	39	66.94	17.16	7.01	2 610.47	669.33
2006	2×2	56.9	38	58.56	16.46	6.26	2 225.24	625.56

注：2006年以后采用新表

表 4-33　绿洲农田辅助观测场二（对照）作物收获期测产

作物名称：棉花　　作物品种：策科1号

年份	测产样方面积 (m×m)	密度 (株/m²)	地上部总干重 (g/m²)	籽棉干重 (g/m²)	皮棉干重 (g/m²)	籽棉产量 (kg/hm²)	皮棉产量 (kg/hm²)
2005	2×2	35	815.83	218.83	98.70	2 188.34	987
2005	2×2	33	709.28	249.54	105.57	2 495.36	1 056

表 4-34　绿洲农田辅助观测场二（对照）作物收获期测产

作物名称：棉花　　作物品种：策科1号

年份	样方面积 (m×m)	群体株高 (cm)	密度 (株或穴/m²)	地上部总干重 (g/株)	籽棉干重 (g/株)	皮棉干重 (g/株)	地上部总干重 (g/m²)	产量 (g/m²)
2006	2×2	35.3	38	24.61	7.46	3.37	935.30	283.53
2006	2×2	24.3	43	19.83	5.47	2.71	852.90	235.31

4.1.1.12 农作物矿物质元素与能值

表 4-35 绿洲农田综合观测场（常规）农田作物矿质元素含量与能值

作物名称：棉花　　作物品种：策科 1 号　　　　　　　　　　　　　　　　　　单位：g/kg，MJ/kg

年份	采样部位	全碳	全氮	全磷	全钾	全硫	全钙	全镁	全铁	全锰	全铜	全锌	全钼	全硼	全硅	干重热值	灰分（%）
2005	根	386.37	6.13	1.21	7.76	2.34	2.18	1.29	0.20	7.531	6.649	20.276	0.813	15.312	2.86	18.63	4.0
2005	茎叶	338.46	12.18	1.96	20.94	9.25	37.25	7.59	0.54	34.022	10.949	28.036	1.350	90.584	3.70	16.72	17.3
2005	种籽	460.78	28.61	8.37	6.93	4.55	1.24	2.55	0.17	16.477	10.787	49.718	1.195	22.951	2.88	24.15	4.0

注：2006 年测定间隔时期，未做元素与热值测定

表 4-36 绿洲农田辅助观测场一（高产）农田作物矿质元素含量与能值

作物名称：棉花　　作物品种：策科 1 号　　　　　　　　　　　　　　　　　　单位：g/kg，MJ/kg

年份	采样部位	全碳	全氮	全磷	全钾	全硫	全钙	全镁	全铁	全锰	全铜	全锌	全钼	全硼	全硅	干重热值	灰分（%）
2005	根	409.58	7.67	1.82	11.44	2.87	2.95	1.46	0.30	9.694	7.178	17.558	0.853	39.210	2.36	19.12	4.6
2005	茎叶	363.12	10.38	2.38	10.99	8.43	26.10	2.76	0.54	29.176	11.763	23.971	0.867	65.476	2.78	17.04	13.5
2005	种籽	471.02	29.46	7.16	8.76	8.50	1.32	2.72	0.19	17.356	12.881	49.193	0.953	33.115	2.31	23.87	4.2

注：2006 年测定间隔时期，未做元素与热值测定

表 4-37 绿洲农田辅助观测场二（对照）农田作物矿质元素含量与能值

作物名称：棉花　　作物品种：策科 1 号　　　　　　　　　　　　　　　　　　单位：g/kg，MJ/kg

年份	采样部位	全碳	全氮	全磷	全钾	全硫	全钙	全镁	全铁	全锰	全铜	全锌	全钼	全硼	全硅	干重热值	灰分（%）
2005	根	438.34	4.9	1	8.53	1.54	3.33	1.15	0.23	7.959	5.666	25.621	0.876	23.059	12.64	18.99	5.3
2005	茎叶	380.98	10.83	1.72	30.47	11.23	39.99	7.15	0.63	33.795	9.808	34.236	1.778	115.32	2.87	16.96	16.1
2005	种籽	444.10	26.35	5.73	7.63	2.80	1.56	3.40	0.18	16.083	10.381	54.705	1.763	21.038	10.29	23.73	4.2

注：2006 年测定间隔时期，未做元素与热值测定

4.1.1.13 农田微生物生物量碳季节动态

表 4-38 绿洲农田综合观测场（常规）农田土壤微生物生物量碳季节动态

日期	土壤含水量（%）	土壤微生物生物量碳（mg/kg）
2005 - 06 - 05	19.5	28.51
2005 - 07 - 18	6.3	37.75
2005 - 09 - 13	3.7	19.26
2005 - 12 - 18	2.3	30.23

注：每 5 年测定一次，间隔时间未测定

表 4-39 绿洲农田综合观测场一（高产）农田土壤微生物生物量碳季节动态

日期	土壤含水量（%）	土壤微生物生物量碳（mg/kg）
2005 - 06 - 05	18.5	83.93
2005 - 07 - 18	7.7	57.79
2005 - 09 - 13	3.3	57.78
2005 - 12 - 18	2.9	116.54

注：每 5 年测定一次，间隔时间未测定

表 4-40 绿洲农田辅助观测场二（对照）农田土壤微生物生物量碳季节动态

日期	土壤含水量（%）	土壤微生物生物量碳（mg/kg）
2005-06-05	11.7	14.20
2005-07-18	11.6	14.20
2005-09-13	11.1	5.68
2005-12-18	5.8	13.99

注：每5年测定一次，间隔时间未测定

表 4-41 绿洲农田辅助观测场三（空白）土壤微生物生物量碳季节动态

日期	土壤含水量（%）	土壤微生物生物量碳（mg/kg）
2005-06-5	5.8	13.99
2005-07-18	3.2	19.35
2005-09-13	2.6	19.41
2005-12-18	2.2	29.40

注：每5年测定一次，间隔时间未测定

4.1.2 荒漠生物

4.1.2.1 植物群落组成

表 4-42 荒漠综合观测场荒漠植物群落灌木层种类组成

年份	样方面积（m×m）	植物种名	生活型	物候期	盖度（%）	株（丛）数（株或丛/样方）	平均单丛茎数（茎/丛）	平均高度（m）	枝干干重（g/样方）	叶干重（g/样方）	地上部总干重（g/样方）	地下部总干重（g/样方）
2005	10×10	骆驼刺	地下芽	叶变色期	24	85	11.0	0.65	17 691.15	4 972.36	24 261.80	48.00
2005	10×10	多枝柽柳	地上芽	叶变色期	3	57	57.0	2.33	—	—	9 991.25	1 253.60

注：每5年调查一次，间隔期不作调查

表 4-43 荒漠综合观测场荒漠植物群落草本层种类组成

年份	月份	样方面积（m×m）	植物种名	拉丁名	株（丛）数（株或丛/样方）	叶层平均高度（cm）	盖度（%）	生活型	绿色地上部总干重（g/样方）
2005	9	10×10	沙蓬	*Agriophyllum squarrosum* (L) Moq	2	15.5	—	一年生植物	—
2005	9	10×10	刺沙蓬	*Salsola ruthenica* Iljin.	4	13.4	—	一年生植物	—
2005	9	10×11	蒙古虫实	*Corispermum mongolicum* Iljin.	1	10.5	—	一年生植物	—

表 4-44 荒漠辅助观测场荒漠植物群落灌木层种类组成

年份	样方面积（m×m）	植物种名	生活型	物候期	盖度（%）	株（丛）数（株或丛/样方）	平均单丛茎数（茎/丛）	平均高度（m）	枝干干重（g/样方）	叶干重（g/样方）	地上部总干重（g/样方）	地下部总干重（g/样方）
2005	10×10	骆驼刺	地下芽	叶变色期	4.8	63	10.9	0.45	7 265.85	2 603.95	9 869.80	1 199.40
2005	10×10	骆驼刺	地下芽	叶变色期	8.1	61	8.3	0.41	4 847.84	1 362.56	6 210.40	841.50

注：每5年调查一次，间隔期不作调查

表4-45 荒漠辅助观测场荒漠植物群落草本层种类组成

年份	月份	样方面积 (m×m)	植物种名	拉丁名	株（丛）数（株或丛/样方）	叶层平均高度 (cm)	盖度 (%)	生活型	绿色地上部总干重 (g/样方)
2005	9	10×10	芦苇	*Phragmites communis* (*australis*) Trin.	174	36.2	2.7	地下芽植物	11 111
2005	9	10×10	蒺藜	*Tribulus terrestris* L.	11	3.1	11 111	一年生植物	11 111

注：每5年调查一次，间隔期不作调查

4.1.2.2 植物群落特征

表4-46 荒漠综合观测场荒漠植物群落灌木层群落特征

年份	样方面积 (m×m)	植物种数	优势种	密度（株或丛/hm²）	优势种平均高度 (m)	总盖度 (%)	枝干干重 (g/m²)	叶干重 (g/m²)	枯枝干重 (g/m²)	凋落物干重 (g/m²)	地上部总干重 (g/m²)	地下部总干重 (g/m²)
2005	10×10	4	骆驼刺	8 500	0.65	24	105.02	29.52	86.42	52.84	242.62	1 909.82
2005	10×10	2	骆驼刺	4 100	0.64	16	121.11	14.21	21.36	23.14	163.14	1 637.31
2005	10×10	5	多枝柽柳	5 300	2.33	6.5	—	—	—	11.71	126.58	1 253.60

注：每5年调查一次，间隔期不作调查

表4-47 荒漠辅助观测场荒漠植物群落灌木层群落特征

年份	样方面积 (m×m)	植物种数	优势种	密度（株或丛/hm²）	优势种平均高度 (m)	总盖度 (%)	枝干干重 (g/m²)	叶干重 (g/m²)	枯枝干重 (g/m²)	凋落物干重 (g/m²)	地上部总干重 (g/m²)	地下部总干重 (g/m²)
2005	10×10	4	骆驼刺	6 300	0.45	4.8	72.66	26.04	—	6.00	98.70	1 199.40
2005	10×10	2	骆驼刺	4 800	0.37	5.6	41.90	12.49	—	3.88	54.39	704.20

注：每5年调查一次，间隔期不作调查

表4-48 荒漠综合观测场荒漠植物群落草本层群落特征

年份	样方面积 (m×m)	植物种数	优势种	密度（株或丛/hm²）	优势种平均高度 (m)	总盖度 (%)	绿色地上部干重 (g/m²)	立枯干重 (g/m²)	凋落物干重 (g/m²)	地上部总干重 (g/m²)	地下部总干重 (g/m²)
2005	10×10	4	刺沙蓬	0.04	13.4	11 111	—	—	—	—	—

注：1. "—"表示只有少量草本植物，没有形成草本群落

2. 每5年调查一次，间隔期不作调查

表4-49 荒漠辅助观测场荒漠植物群落草本层群落特征

年份	样方面积 (m×m)	植物种数	优势种	密度（株或丛/hm²）	优势种平均高度 (m)	总盖度 (%)	绿色地上部干重 (g/m²)	立枯干重 (g/m²)	凋落物干重 (g/m²)	地上部总干重 (g/m²)	地下部总干重 (g/m²)
2005	10×10	2	芦苇	1.86	3.1	2.7	—	—	—	—	—

注：1. "—"只有少量草本植物，没有形成草本群落

2. 每5年调查一次，间隔期不作调查

4.1.2.3　植物群落种子产量

表4－50　荒漠综合观测荒漠植物群落种子产量

日期	样方面积（m×m）	植物种名	拉丁名	种子产量（kg/hm²）
2005－08－25	10×10	骆驼刺	*Alhagi sparsifolia* Shap.	208.23
	10×10	骆驼刺	*Alhagi sparsifolia* Shap.	91.80

说明：辅助观测场2005年未结种籽

注：每5年调查一次，间隔期不作调查

4.1.2.4　植物群落土壤有效种子库

表4－51　荒漠综合观测荒漠植物群落土壤有效种子库

年份	月份	样方面积（m×m）	植物种名	拉丁名	有效种子数量（颗/m²）
2005	4	10×10	拐轴鸦葱	*Scorzonera divaricata* Turcz.	75
2004	4	10×10	沙蓬	*Agriophyllum squarrosum* (L) Moq	38
2005	4	10×10	刺沙蓬	*Salsola ruthenica* Iljin	25
2005	4	10×10	蒺藜	*Tribulus terrestris* L.	13
2005	4	10×10	骆驼刺	*Alhagi sparsifolia* Shap.	50
2005	4	10×10	蒙古虫实	*Corispermum mongolicum* Iljin.	25
2005	4	10×10	大颖三芒草	*Aristida grandiglumis* Roshev.	13
2005	4	10×10	多枝柽柳	*Tamarix ramosissima* Lebed.	63
2005	4	10×10	大颖三芒草	*Aristida grandiglumis* Roshev.	25

注：每5年调查一次，间隔期不作调查

表4－52　荒漠辅助观测荒漠植物群落土壤有效种子库

年份	月份	样方面积（m×m）	植物种名	拉丁名	有效种子数量（颗/m²）
2005	4	10×10	骆驼刺	*Alhagi sparsifolia* Shap.	25
2004	4	10×10	蒺藜	*Tribulus terrestris* L.	25
2005	4	10×10	沙蓬	*Agriophyllum squarrosum* (L) Moq	13
2005	4	10×10	刺沙蓬	*Salsola ruthenica* Iljin	50
2005	4	10×10	拐轴鸦葱	*Scorzonera divaricata* Turcz.	63
2005	4	10×10	芨芨草	*Achnatherum splendens* (Trin.) Nevski.	38
2005	4	10×10	多枝柽柳	*Tamarix ramosissima* Lebed.	50
2005	4	10×10	蒙古虫实	*Corispermum mongolicum* Iljin.	25
2005	4	10×10	大颖三芒草	*Aristida grandiglumis* Roshev.	13

注：每5年调查一次，间隔期不作调查

4.1.2.5　植物群落物候观测

表4－53　荒漠综合观测场荒漠植物群落灌木物候观测

年份	植物种名	出芽期	展叶期	首花期	盛花期	结果期	秋季叶变色期	落叶期
2005	骆驼刺	2005－04－02	2005－04－08	2005－05－16	2005－07－08	2005－07－03	2005－10－06	2005－10－15
2005	多枝柽柳	2005－04－05	2005－04－10	2005－05－11	2005－05－22	2005－05－16	2005－10－14	2005－10－22
2005	拐轴鸦葱	2005－04－02	2005－04－11	2005－05－12	2005－06－10	2005－07－08	2005－10－12	2005－10－24
2006	骆驼刺	2006－03－29	2006－04－03	2006－05－12	2006－07－04	2006－06－30	2006－10－03	2006－10－12
2006	多枝柽柳	2006－04－03	2006－04－11	2006－05－08	2006－05－20	2006－05－17	2006－10－10	2006－10－17
2006	拐轴鸦葱	2006－04－05	2006－04－11	2006－05－14	2006－06－13	2006－07－10	2006－10－05	2006－10－19

表4-54 荒漠辅助观测场荒漠植物群落灌木物候观测

年份	植物种名	出芽期	展叶期	首花期	盛花期	结果期	秋季叶变色期	落叶期
2005	骆驼刺	2005-04-07	2005-04-12	—	—	—	2005-10-10	2005-10-28
2006	骆驼刺	2006-04-03	2006-04-09	2006-05-15	2006-07-15	2006-07-13	2006-10-10	2006-10-19

注：2005辅助观测场骆驼刺未开花结果

表4-55 荒漠综合观测场荒漠植物群落草本植物物候观测

年份	植物种名	萌芽期	开花期	结实期	种子散布期	枯黄期
2005	蒺藜	2005-05-10	2005-05-20	2005-06-13	2005-07-12	2005-09-21
2006	戟叶鹅绒藤	2006-04-27	2006-06-18	—	—	2006-09-28

注：空格表明该植物没有出现此物候特征

4.1.2.6 植物群落凋落物回收季节动态

表4-56 荒漠综合观测场荒漠植物群落凋落物回收量季节动态

年份	月份	收集框面积（m×m）	枯枝干重（g/框）	枯叶干重（g/框）	落果（花）干重（g/框）	杂物干重（g/框）
2005	5	φ0.235	1.13	3.08	11 111	3.08
2005	7	φ0.235	3.42	2.60	18.38	17.40
2005	8	φ0.235	2.05	2.64	0.09	1.83
2005	10	φ0.235	2.59	0.48	3.08	1.74
2006	6	φ0.35	2.03	3.15	1.27	12.44
2006	7	φ0.35	1.84	2.26	2.11	10.46
2006	8	φ0.35	1.28	1.37	2.14	9.71
2006	9	φ0.35	1.23	2.17	1.25	8.66
2006	10	φ0.35	1.48	1.38	0.33	7.38

表4-57 荒漠辅助观测场荒漠植物群落凋落物回收量季节动态

年份	月份	收集框面积（m×m）	枯枝干重（g/框）	枯叶干重（g/框）	落果（花）干重（g/框）	杂物干重（g/框）
2005	5	φ0.235	0.62	1.69	11 111	1.90
2005	7	φ0.235	1.68	1.27	0.00	8.60
2005	8	φ0.235	1.07	1.39	0.00	0.95
2005	10	φ0.235	1.34	0.25	0.00	0.81

注：辅助观测场未做每年的监测

4.1.2.7 植物群落优势植物和凋落物的元素含量与能值

表4-58 荒漠综合观测场荒漠植物群落优势植物和凋落物的元素含量与能值

单位：g/kg，MJ/kg

年份	植物种名	采样部位	全碳	全氮	全磷	全钾	全硫	全钙	全镁	干重热值（MJ/kg）	灰分（%）
2005	骆驼刺	根	372.25	11.45	0.57	7.65	5.88	20.86	1.05	18.05	9.7
2005	骆驼刺	茎叶	316.92	15.46	0.91	14.41	27.51	42.01	10.05	17.43	17.4
2005	骆驼刺	种子	320.71	18.03	1.48	8.16	17.21	12.42	1.81	18.38	5.7
2005	多枝柽柳	根	371.87	14.42	1.56	8.83	11.27	13.43	1.70	17.88	8.5
2005	多枝柽柳	茎叶	347.64	5.97	0.42	5.43	13.42	27.95	9.58	18.73	11.7

注：每5年调查一次，间隔期不作调查

表 4-59 荒漠辅助观测场荒漠植物群落优势植物和凋落物的元素含量与能值（g/kg，MJ/kg）

年份	植物种名	采样部位	全碳	全氮	全磷	全钾	全硫	全钙	全镁	干重热值 （MJ/kg）	灰分 （%）
2005	骆驼刺	根	353.94	15.35	1.12	14.38	2.95	30.23	1.97	17.77	18.2
2005	骆驼刺	茎叶	363.97	11.90	0.59	7.11	9.70	22.69	2.37	18.59	8.1
2005	骆驼刺	种子	368.83	11.82	0.62	7.76	9.14	19.09	2.19	18.41	7.1
2005	多枝柽柳	根	346.92	6.47	0.26	4.69	6.24	19.83	8.33	17.40	6.4
2005	多枝柽柳	茎叶	335.60	11.30	1.09	6.99	22.32	30.74	21.62	17.98	11.0

注：每5年调查一次，间隔期不作调查

4.1.2.8 植物群落空间分布格局变化

表 4-60 荒漠综合观测场荒漠植物群落植被空间分布格局变化

年份	月份	位 点	植物种名	拉丁名	高度（m）	密度（株/m²）
2005	9	37°00′27″N，80°42′27″E	骆驼刺	*Alhagi sparsifolia* Shap.	0.65	0.85
2005	9	37°00′27″N，80°42′26″E	骆驼刺	*Alhagi sparsifolia* Shap.	0.64	0.41
2005	9	37°00′28″N，80°42′26″E	多枝柽柳	*Tamarix ramosissima* Lebed.	2.33	0.53

注：2005年旧表

表 4-61 荒漠综合观测场荒漠植物群落植被空间分布格局变化

年份	月份	位 点	植物种名	拉丁名	株（丛）数 （株或丛/样方）	高度 （cm）
2006	9	37°00′27″N，80°42′27″E	骆驼刺	*Alhagi sparsifolia* Shap.	24	72.8
2006	9	37°00′27″N，80°42′26″E	骆驼刺	*Alhagi sparsifolia* Shap.	32	90.9
2006	9	37°00′28″N，80°42′26″E	多枝柽柳	*Tamarix ramosissima* Lebed.	113	250

注：2006年以后使用新表

表 4-62 荒漠辅助观测场荒漠植物群落植被空间分布格局变化

年份	月份	位 点	植物种名	拉丁名	高度（m）	密度（株/m²）
2005	9	37°00′22″N，80°42′37″E	骆驼刺	*Alhagi sparsifolia* Shap.	0.45	0.63
2005	9	37°00′21″N，80°42′36″E	骆驼刺	*Alhagi sparsifolia* Shap.	0.37	0.48

注：辅助观测场按规定未做每年的监测

4.1.2.9 植物群落土壤微生物生物量碳季节动态

表 4-63 荒漠综合观测场荒漠植物群落土壤微生物生物量碳季节动态

日期	土壤含水量（%）	土壤微生物生物量碳（mg/kg）
2005-06-05	1.5	0.043
2005-07-18	4.4	0.019
2005-09-13	0.4	0.019
2005-12-18	1.4	0.042

注：每5年调查一次，间隔期不作调查

表 4-64 荒漠辅助观测场荒漠植物群落土壤微生物生物量碳季节动态

日期	土壤含水量（%）	土壤微生物生物量碳（mg/kg）
2005-06-05	0.4	0.014
2005-07-18	0.5	0.008
2005-09-13	0.5	0.014
2005-12-18	2.2	0.014

注：每5年调查一次，间隔期不作调查

4.2 土壤监测数据

4.2.1 土壤交换量

表 4-65 绿洲农田综合观测场（常规）土壤交换量

土壤类型：风沙土　　母质：风成沙性母质

年份	作物	采样深度(cm)	交换性钙离子 [mmol/kg (1/2Ca^{2+})]	交换性镁离子 [mmol/kg (1/2mg^{2+})]	交换性钾离子 [mmol/kg (K$^+$)]	交换性钠离子 [mmol/kg (Na$^+$)]	交换性铝离子 [mmol/kg (1/3Al^{3+})]	交换性氢 [mmol/kg (H$^+$)]	阳离子交换量 [mmol/kg (+)]
2005	棉花	0~10	—	—	4.136	5.61	—	—	15.288
2005	棉花	10~20	—	—	4.633	4.19	—	—	15.496
2005	棉花	0~10	—	—	3.831	4.80	—	—	17.056
2005	棉花	10~20	—	—	3.639	4.53	—	—	16.016
2005	棉花	0~10	—	—	2.951	4.60	—	—	12.376
2005	棉花	10~20	—	—	3.372	4.50	—	—	13.936
2005	棉花	0~10	—	—	3.219	4.50	—	—	11.544
2005	棉花	10~20	—	—	3.41	4.89	—	—	12.792
2005	棉花	0~10	—	—	2.951	4.96	—	—	19.968
2005	棉花	10~20	—	—	3.142	5.24	—	—	20.904
2005	棉花	0~10	—	—	2.454	5.22	—	—	14.456
2005	棉花	10~20	—	—	2.301	4.64	—	—	13.416

表 4-66 绿洲农田辅助观测场一（高产）土壤交换量

土壤类型：风沙土　　母质：风成沙性母质

年份	作物	采样深度(cm)	交换性钙离子 [mmol/kg (1/2Ca^{2+})]	交换性镁离子 [mmol/kg (1/2mg^{2+})]	交换性钾离子 [mmol/kg (K$^+$)]	交换性钠离子 [mmol/kg (Na$^+$)]	交换性铝离子 [mmol/kg (1/3Al^{3+})]	交换性氢 [mmol/kg (H$^+$)]	阳离子交换量 [mmol/kg (+)]
2005	棉花	0~10	—	—	3.066	4.61	—	—	21.944
2005	棉花	10~20	—	—	3.716	4.90	—	—	21.528
2005	棉花	0~10	—	—	2.798	4.66	—	—	23.504
2005	棉花	10~20	—	—	3.372	3.87	—	—	22.776
2005	棉花	0~10	—	—	3.678	4.31	—	—	30.056
2005	棉花	10~20	—	—	3.028	4.92	—	—	29.64
2005	棉花	0~10	—	—	3.219	4.65	—	—	26.936
2005	棉花	10~20	—	—	2.951	4.19	—	—	25.792
2005	棉花	0~10	—	—	2.913	4.16	—	—	21.944
2005	棉花	10~20	—	—	3.448	3.50	—	—	24.648
2005	棉花	0~10	—	—	2.76	4.11	—	—	23.296
2005	棉花	10~20	—	—	3.142	3.94	—	—	24.024

表 4-67 绿洲农田辅助观测场二（对照）土壤交换量

土壤类型：风沙土　　母质：风成沙性母质

年份	作物	采样深度(cm)	交换性钙离子 [mmol/kg (1/2Ca^{2+})]	交换性镁离子 [mmol/kg (1/2mg^{2+})]	交换性钾离子 [mmol/kg (K$^+$)]	交换性钠离子 [mmol/kg (Na$^+$)]	交换性铝离子 [mmol/kg (1/3Al^{3+})]	交换性氢 [mmol/kg (H$^+$)]	阳离子交换量 [mmol/kg (+)]
2005	棉花	0~10	—	—	2.99	4.28	—	—	24.648
2005	棉花	10~20	—	—	2.722	4.80	—	—	20.592

（续）

年份	作物	采样深度(cm)	交换性钙离子[mmol/kg(1/2Ca²⁺)]	交换性镁离子[mmol/kg(1/2mg²⁺)]	交换性钾离子[mmol/kg(K⁺)]	交换性钠离子[mmol/kg(Na⁺)]	交换性铝离子[mmol/kg(1/3Al³⁺)]	交换性氢[mmol/kg(H⁺)]	阳离子交换量[mmol/kg(+)]
2005	棉花	0~10	—	—	2.378	5.07	—	—	16.536
2005	棉花	10~20	—	—	2.454	4.26	—	—	16.12
2005	棉花	0~10	—	—	1.652	4.44	—	—	16.848
2005	棉花	10~20	—	—	1.766	3.69	—	—	17.888
2005	棉花	0~10	—	—	2.072	4.16	—	—	17.368
2005	棉花	10~20	—	—	1.919	3.87	—	—	16.328
2005	棉花	0~10	—	—	2.11	4.49	—	—	19.552
2005	棉花	10~20	—	—	2.072	4.20	—	—	18.408
2005	棉花	0~10	—	—	2.225	4.43	—	—	19.656
2005	棉花	10~20	—	—	2.34	3.88	—	—	17.888

表4-68 绿洲农田辅助观测场三（空白）土壤交换量

土壤类型：风沙土　　母质：风成沙性母质

年份	作物	采样深度(cm)	交换性钙离子[mmol/kg(1/2Ca²⁺)]	交换性镁离子[mmol/kg(1/2mg²⁺)]	交换性钾离子[mmol/kg(K⁺)]	交换性钠离子[mmol/kg(Na⁺)]	交换性铝离子[mmol/kg(1/3Al³⁺)]	交换性氢[mmol/kg(H⁺)]	阳离子交换量[mmol/kg(+)]
2005	棉花	0~10	—	—	3.831	6.25	—	—	19.864
2005	棉花	10~20	—	—	3.984	12.33	—	—	20.072
2005	棉花	0~10	—	—	4.022	15.67	—	—	19.136
2005	棉花	10~20	—	—	2.76	6.84	—	—	21.944
2005	棉花	0~10	—	—	3.601	15.94	—	—	31.096
2005	棉花	10~20	—	—	3.487	18.09	—	—	20.592
2005	棉花	0~10	—	—	3.831	14.79	—	—	16.744
2005	棉花	10~20	—	—	3.907	16.54	—	—	10.504
2005	棉花	0~10	—	—	3.945	14.28	—	—	18.096
2005	棉花	10~20	—	—	2.951	12.29	—	—	19.24
2005	棉花	0~10	—	—	2.531	5.37	—	—	21.216
2005	棉花	10~20	—	—	2.034	5.54	—	—	22.568

表4-69 荒漠综合观测场土壤交换量

土壤类型：风沙土　　母质：风成沙性母质

年份	作物	采样深度(cm)	交换性钙离子[mmol/kg(1/2Ca²⁺)]	交换性镁离子[mmol/kg(1/2mg²⁺)]	交换性钾离子[mmol/kg(K⁺)]	交换性钠离子[mmol/kg(Na⁺)]	交换性铝离子[mmol/kg(1/3Al³⁺)]	交换性氢[mmol/kg(H⁺)]	阳离子交换量[mmol/kg(+)]
2005	骆驼刺	0~10	—	—	3.448	11.33	—	—	11.96
2005	骆驼刺	10~20	—	—	2.798	9.74	—	—	13.312
2005	骆驼刺	0~10	—	—	3.41	6.98	—	—	13.728
2005	骆驼刺	10~20	—	—	3.984	10.90	—	—	16.328
2005	骆驼刺	0~10	—	—	3.028	5.87	—	—	12.064
2005	骆驼刺	10~20	—	—	2.454	5.92	—	—	12.272
2005	骆驼刺	0~10	—	—	3.372	5.66	—	—	14.56
2005	骆驼刺	10~20	—	—	3.563	9.15	—	—	14.352
2005	骆驼刺	0~10	—	—	3.181	6.26	—	—	12.688
2005	骆驼刺	10~20	—	—	3.601	9.74	—	—	12.688
2005	骆驼刺	0~10	—	—	3.028	6.97	—	—	11.44
2005	骆驼刺	10~20	—	—	2.722	9.03	—	—	10.608

表4-70 荒漠辅助观测场（一）土壤交换量

土壤类型：风沙土　　母质：风成沙性母质

年份	作物	采样深度(cm)	交换性钙离子[mmol/kg(1/2Ca²⁺)]	交换性镁离子[mmol/kg(1/2mg²⁺)]	交换性钾离子[mmol/kg(K⁺)]	交换性钠离子[mmol/kg(Na⁺)]	交换性铝离子[mmol/kg(1/3Al³⁺)]	交换性氢[mmol/kg(H⁺)]	阳离子交换量[mmol/kg(+)]
2005	骆驼刺	0~10	—	—	2.34	5.81	—	—	20.904
2005	骆驼刺	10~20	—	—	2.493	10.65	—	—	21.528
2005	骆驼刺	0~10	—	—	2.263	9.10	—	—	18.928
2005	骆驼刺	10~20	—	—	2.607	11.19	—	—	21.424
2005	骆驼刺	0~10	—	—	2.416	7.68	—	—	19.448
2005	骆驼刺	10~20	—	—	2.76	9.30	—	—	19.864
2005	骆驼刺	0~10	—	—	2.34	6.44	—	—	19.552
2005	骆驼刺	10~20	—	—	3.181	11.25	—	—	21.008

表4-71 荒漠辅助观测场（二）土壤交换量

土壤类型：风沙土　　母质：风成沙性母质

年份	作物	采样深度(cm)	交换性钙离子[mmol/kg(1/2Ca²⁺)]	交换性镁离子[mmol/kg(1/2mg²⁺)]	交换性钾离子[mmol/kg(K⁺)]	交换性钠离子[mmol/kg(Na⁺)]	交换性铝离子[mmol/kg(1/3Al³⁺)]	交换性氢[mmol/kg(H⁺)]	阳离子交换量[mmol/kg(+)]
2005	骆驼刺	0~10	—	—	4.48	6.59	—	—	19.448
2005	骆驼刺	10~20	—	—	3.372	13.98	—	—	22.256
2005	骆驼刺	0~10	—	—	3.563	7.01	—	—	20.904
2005	骆驼刺	10~20	—	—	3.295	15.35	—	—	23.088
2005	骆驼刺	0~10	—	—	4.213	7.52	—	—	20.8
2005	骆驼刺	10~20	—	—	3.869	14.55	—	—	21.008
2005	骆驼刺	0~10	—	—	3.104	5.75	—	—	22.672
2005	骆驼刺	10~20	—	—	2.493	15.53	—	—	22.256

4.2.2 土壤养分

表4-72 绿洲农田综合观测场（常规）土壤养分

土壤类型：风沙土　　母质：风成沙性母质

年份	作物	采样深度(cm)	土壤有机质(g/kg)	全氮(N g/kg)	全磷(P g/kg)	全钾(K g/kg)	速效氮(N mg/kg)	有效磷(P mg/kg)	速效钾(K mg/kg)	缓效钾(K mg/kg)	水溶液提pH
2005	棉花	0~10	4.788	—	—	—	34.19	1.66	148.52	576.11	7.50
2005	棉花	10~20	4.29	—	—	—	25.07	1.81	159.74	630.50	7.69
2005	棉花	0~10	5.089	—	—	—	41.41	2.33	122.14	668.10	7.68
2005	棉花	10~20	5.225	—	—	—	26.59	2.18	127.86	627.53	7.79
2005	棉花	0~10	2.286	—	—	—	18.99	1.95	102.75	611.63	7.69
2005	棉花	10~20	3.281	—	—	—	18.99	1.95	117.69	506.49	7.79
2005	棉花	0~10	2.827	—	—	—	18.99	1.81	121.51	580.58	7.58
2005	棉花	10~20	3.025	—	—	—	18.99	2.25	126.91	462.42	7.74
2005	棉花	0~10	6.01	—	—	—	26.59	2.55	103.07	711.77	7.71
2005	棉花	10~20	5.156	—	—	—	26.59	2.4	108.47	671.51	7.85
2005	棉花	0~10	2.629	—	—	—	18.99	1.58	104.66	595.38	8.03
2005	棉花	10~20	2.664	—	—	—	18.99	2.03	106.25	534.33	7.95
2005	棉花	0~10	5.795	0.482	0.605	16.659	—	—	—	—	—

（续）

年份	作物	采样深度 （cm）	土壤有机质 （g/kg）	全氮 （N g/kg）	全磷 （P g/kg）	全钾 （K g/kg）	速效氮 （N mg/kg）	有效磷 （P mg/kg）	速效钾 （K mg/kg）	缓效钾 （K mg/kg）	水溶液提 pH
2005	棉花	10~20	6.424	0.409	0.625	16.646	—	—	—	—	—
2005	棉花	20~40	5.033	0.479	0.565	16.538	—	—	—	—	—
2005	棉花	40~60	2.892	0.315	0.571	16.799	—	—	—	—	—
2005	棉花	60~80	2.646	0.291	0.56	16.216	—	—	—	—	—
2005	棉花	80~100	3.159	0.321	0.578	15.831	—	—	—	—	—
2005	棉花	0~10	4.766	0.455	0.598	16.893	—	—	—	—	—
2005	棉花	10~20	7.863	0.585	0.587	17.398					
2005	棉花	20~40	3.641	0.356	0.492	16.297					
2005	棉花	40~60	3.239	0.335	0.554	17.118					
2005	棉花	60~80	2.316	0.222	0.554	16.751					
2005	棉花	80~100	2.851	0.309	0.547	17.773					
2005	棉花	0~10	4.73	0.41	0.566	15.54					
2005	棉花	10~20	6.14	0.434	0.579	16.64					
2005	棉花	20~40	6.348	0.47	0.613	15.67					
2005	棉花	40~60	3.825	0.327	0.535	16.603					
2005	棉花	60~80	5.448	0.455	0.562	18.165	—	—	—	—	—
2005	棉花	80~100	2.966	0.204	0.54	15.664	—	—	—	—	—
2006	棉花	0~20	2.81	0.21	—	—	26.21	2.46	146.74	—	7.5
2006	棉花	0~20	2.52	0.19	—	—	32.03	2.20	142.31	—	7.8
2006	棉花	0~20	3.55	0.25	—	—	17.47	1.45	143.47	—	7.6
2006	棉花	0~20	2.96	0.22	—	—	29.12	1.54	140.58	—	7.9
2006	棉花	0~20	3.26	0.22	—	—	18.93	1.45	134.42	—	8.0
2006	棉花	0~20	3.55	0.24	—	—	27.66	1.25	139.62	—	8.0

表4-73　绿洲农田辅助观测场一（高产）土壤养分

土壤类型：风沙土　　母质：风成沙性母质

年份	作物	采样深度 （cm）	土壤有机质 （g/kg）	全氮 （N g/kg）	全磷 （P g/kg）	全钾 （K g/kg）	速效氮 （N mg/kg）	有效磷 （P mg/kg）	速效钾 （K mg/kg）	缓效钾 （K mg/kg）	水溶液提 pH
2005	棉花	0~10	5.266	—	—	—	33.43	16.41	144.07	646.17	7.88
2005	棉花	10~20	6.195	—	—	—	38.75	28.47	150.75	592.34	7.87
2005	棉花	0~10	5.759	—	—	—	47.49	18.34	123.41	707.83	7.81
2005	棉花	10~20	6.103	—	—	—	39.89	31.15	126.91	696.13	7.82
2005	棉花	0~10	8.155	—	—	—	49.39	16.11	82.09	734.8	7.84
2005	棉花	10~20	8.074	—	—	—	43.69	22.22	88.13	796.41	7.94
2005	棉花	0~10	7.922	—	—	—	36.09	18.04	118.96	757.38	7.84
2005	棉花	10~20	6.358	—	—	—	37.99	26.76	113.24	697.5	7.77
2005	棉花	0~10	5.426	—	—	—	34.19	11.86	116.1	647.49	7.79
2005	棉花	10~20	5.369	—	—	—	30.39	15.14	120.55	626.64	7.92
2005	棉花	0~10	5.796	—	—	—	37.99	14.25	126.59	747.7	7.96
2005	棉花	10~20	7.28	—	—	—	41.79	30.41	111.33	654.3	7.86
2005	棉花	0~10	5.873	0.41	0.63	15.395	—	—	—	—	—
2005	棉花	10~20	6.537	0.48	0.663	15.94	—	—	—	—	—
2005	棉花	20~40	2.214	0.188	0.562	15.087	—	—	—	—	—
2005	棉花	40~60	2.662	0.28	0.583	15.528	—	—	—	—	—
2005	棉花	60~80	2.502	0.223	0.561	15.832	—	—	—	—	—
2005	棉花	80~100	2.837	0.323	0.551	15.305	—	—	—	—	—
2005	棉花	0~10	2.708	0.255	0.531	16.317	—	—	—	—	—
2005	棉花	10~20	2.698	0.29	0.569	12.633	—	—	—	—	—
2005	棉花	20~40	3.414	0.374	0.568	12.429	—	—	—	—	—

（续）

年份	作物	采样深度 (cm)	土壤有机质 (g/kg)	全氮 (N g/kg)	全磷 (P g/kg)	全钾 (K g/kg)	速效氮 (N mg/kg)	有效磷 (P mg/kg)	速效钾 (K mg/kg)	缓效钾 (K mg/kg)	水溶液提 pH
2005	棉花	40~60	2.586	0.284	0.555	11.829	—	—	—	—	—
2005	棉花	60~80	7.026	0.467	0.65	12.107	—	—	—	—	—
2005	棉花	80~100	5.898	0.395	0.64	11.188	—	—	—	—	—
2005	棉花	0~10	6.289	0.419	0.659	12.111	—	—	—	—	—
2005	棉花	10~20	9.302	0.577	0.719	12.176	—	—	—	—	—
2005	棉花	20~40	5.495	0.418	0.632	11.836	—	—	—	—	—
2005	棉花	40~60	4.318	0.317	0.573	12.011	—	—	—	—	—
2005	棉花	60~80	4.71	0.34	0.593	13.006	—	—	—	—	—
2005	棉花	80~100	3.727	0.223	0.578	11.939	—	—	—	—	—
2006	棉花	0~20	3.55	0.25	—	—	26.21	21.59	136.54	—	7.7
2006	棉花	0~20	3.26	0.20	—	—	39.31	22.42	143.28	—	7.8
2006	棉花	0~20	3.70	0.31	—	—	29.12	14.47	142.70	—	7.8
2006	棉花	0~20	3.70	0.24	—	—	26.21	11.86	120.37	—	7.9
2006	棉花	0~20	2.81	0.24	—	—	24.75	14.81	149.24	—	7.8
2006	棉花	0~20	2.96	0.19	—	—	39.31	12.35	131.15	—	7.9

表 4-74 绿洲农田辅助观测场二（对照）土壤养分

土壤类型：风沙土　　　母质：风成沙性母质

年份	作物	采样深度 (cm)	土壤有机质 (g/kg)	全氮 (N g/kg)	全磷 (P g/kg)	全钾 (K g/kg)	速效氮 (N mg/kg)	有效磷 (P mg/kg)	速效钾 (K mg/kg)	缓效钾 (K mg/kg)	水溶液提 pH
2005	棉花	0~10	2.132	—	—	—	15.2	1.81	120.55	554.88	8.02
2005	棉花	10~20	1.774	—	—	—	11.4	2.77	123.41	543.82	8.01
2005	棉花	0~10	1.63	—	—	—	15.2	2.55	96.71	588.97	7.97
2005	棉花	10~20	1.428	—	—	—	15.2	1.58	107.2	674.84	8.1
2005	棉花	0~10	2.56	—	—	—	11.4	2.62	94.81	453.52	8.07
2005	棉花	10~20	2.351	—	—	—	15.2	1.51	92.9	418.53	8.14
2005	棉花	0~10	2.196	—	—	—	15.2	2.25	101.8	489.58	8.15
2005	棉花	10~20	2.27	—	—	—	15.2	2.1	104.34	482.94	8.09
2005	棉花	0~10	2.807	—	—	—	12.16	2.25	100.53	548.25	8.1
2005	棉花	10~20	2.419	—	—	—	14.44	2.18	109.75	485.74	8.09
2005	棉花	0~10	2.954	—	—	—	18.99	3	111.02	535.72	8.11
2005	棉花	10~20	3.397	—	—	—	17.1	1.58	107.84	561.45	8.14
2005	棉花	0~10	1.62	0.179	0.537	11.03	—	—	—	—	—
2005	棉花	10~20	2.04	0.215	0.59	11.305	—	—	—	—	—
2005	棉花	20~40	1.842	0.131	0.548	11.156	—	—	—	—	—
2005	棉花	40~60	1.987	0.191	0.62	11.984	—	—	—	—	—
2005	棉花	60~80	1.255	0.102	0.591	11.619	—	—	—	—	—
2005	棉花	80~100	1.705	0.17	0.524	11.431	—	—	—	—	—
2005	棉花	0~10	2.06	0.146	0.554	11.569	—	—	—	—	—
2005	棉花	10~20	2.061	0.225	0.552	11.47	—	—	—	—	—
2005	棉花	20~40	2.549	0.189	0.56	12.467	—	—	—	—	—
2005	棉花	40~60	2.134	0.194	0.586	12.241	—	—	—	—	—
2005	棉花	60~80	2.145	0.204	0.534	15.943	—	—	—	—	—
2005	棉花	80~100	2.052	0.21	0.465	13.736	—	—	—	—	—
2005	棉花	0~10	2.405	0.187	0.563	12.934	—	—	—	—	—
2005	棉花	10~20	2.493	0.232	0.556	12.682	—	—	—	—	—

年份	作物	采样深度 (cm)	土壤有机质 (g/kg)	全氮 (N g/kg)	全磷 (P g/kg)	全钾 (K g/kg)	速效氮 (N mg/kg)	有效磷 (P mg/kg)	速效钾 (K mg/kg)	缓效钾 (K mg/kg)	水溶液提 pH
2005	棉花	20~40	4.683	0.244	0.546	13.284	—	—	—	—	—
2005	棉花	40~60	2.971	0.237	0.611	13.925	—	—	—	—	—
2005	棉花	60~80	2.447	0.17	0.574	13.266	—	—	—	—	—
2005	棉花	80~100	3.41	0.329	0.583	13.506	—	—	—	—	—
2006	棉花	0~20	2.66	0.21	—	—	24.75	1.82	127.11	—	8.1
2006	棉花	0~20	3.73	0.25	—	—	14.56	2.03	122.10	—	8.1
2006	棉花	0~20	1.75	0.20	—	—	20.38	1.61	132.50	—	8.1
2006	棉花	0~20	2.19	0.28	—	—	17.47	1.87	140.00	—	8.1
2006	棉花	0~20	3.33	0.39	—	—	21.84	2.27	138.27	—	8.1
2006	棉花	0~20	4.09	0.46	—	—	14.56	2.14	130.57	—	8.2

表 4-75 绿洲农田辅助观测场三（空白）土壤养分

土壤类型：风沙土　　　母质：风成沙性母质

年份	作物	采样深度 (cm)	土壤有机质 (g/kg)	全氮 (N g/kg)	全磷 (P g/kg)	全钾 (K g/kg)	速效氮 (N mg/kg)	有效磷 (P mg/kg)	速效钾 (K mg/kg)	缓效钾 (K mg/kg)	水溶液提 pH
2005	空地	0~10	2.613	—	—	—	28.93	2.33	128.18	600.56	7.73
2005	空地	10~20	2.471	—	—	—	34.71	2.85	151.38	563	7.81
2005	空地	0~10	2.219	—	—	—	33.56	2.48	211.77	434.96	7.89
2005	空地	10~20	2.182	—	—	—	21.41	2.18	150.43	541.41	7.74
2005	空地	0~10	1.848	—	—	—	31.82	2.7	223.21	384.57	7.64
2005	空地	10~20	2.01	—	—	—	41.08	2.33	227.34	384.54	7.64
2005	空地	0~10	1.881	—	—	—	31.24	2.55	206.69	401.1	7.63
2005	空地	10~20	1.977	—	—	—	37.61	2.33	225.12	378.56	7.75
2005	空地	0~10	1.958	—	—	—	31.82	2.48	216.22	385.41	7.89
2005	空地	10~20	1.693	—	—	—	26.03	2.55	198.74	429.54	7.93
2005	空地	0~10	2.322	—	—	—	26.03	3.74	129.13	552.45	8
2005	空地	10~20	2.372	—	—	—	20.25	3.22	170.77	434.96	8.01
2005	空地	0~10	2.525	0.206	0.566	12.211	—	—	—	—	—
2005	空地	10~20	2.541	0.193	0.559	13.245	—	—	—	—	—
2005	空地	20~40	2.144	0.193	0.551	12.316	—	—	—	—	—
2005	空地	40~60	2.094	0.163	0.559	11.764	—	—	—	—	—
2005	空地	60~80	1.737	0.141	0.538	12.123	—	—	—	—	—
2005	空地	80~100	2.174	0.202	0.565	11.8	—	—	—	—	—
2005	空地	0~10	2.554	0.185	0.554	12.119	—	—	—	—	—
2005	空地	10~20	2.497	0.237	0.603	11.166	—	—	—	—	—
2005	空地	20~40	3.307	0.306	0.575	11.824	—	—	—	—	—
2005	空地	40~60	2.049	0.186	0.557	11.291	—	—	—	—	—
2005	空地	60~80	2.548	0.235	0.581	11.677	—	—	—	—	—
2005	空地	80~100	2.567	0.227	0.56	11.79	—	—	—	—	—
2005	空地	0~10	2.413	0.202	0.559	10.062	—	—	—	—	—
2005	空地	10~20	2.862	0.268	0.563	11.825	—	—	—	—	—
2005	空地	20~40	2.932	0.234	0.532	11.085	—	—	—	—	—
2005	空地	40~60	2.909	0.249	0.584	11.522	—	—	—	—	—
2005	空地	60~80	2.728	0.288	0.568	11.63	—	—	—	—	—
2005	空地	80~100	2.935	0.226	0.547	10.253	—	—	—	—	—

（续）

年份	作物	采样深度 (cm)	土壤有机质 (g/kg)	全氮 (N g/kg)	全磷 (P g/kg)	全钾 (K g/kg)	速效氮 (N mg/kg)	有效磷 (P mg/kg)	速效钾 (K mg/kg)	缓效钾 (K mg/kg)	水溶液提 pH
2006	空地	0~20	2.38	0.33	—	—	26.21	2.76	164.64	—	7.8
2006	空地	0~20	2.00	0.23	—	—	21.84	2.99	187.35	—	7.8
2006	空地	0~20	2.38	0.24	—	—	29.12	3.09	183.12	—	7.7
2006	空地	0~20	2.76	0.24	—	—	30.58	2.23	181.77	—	7.6
2006	空地	0~20	1.24	0.18	—	—	23.30	2.06	167.33	—	7.6
2006	空地	0~20	2.76	0.25	—	—	33.49	2.36	169.64	—	7.9

表 4-76　荒漠综合观测场土壤养分

土壤类型：风沙土　　　母质：风成沙性母质

年份	作物	采样深度 (cm)	土壤有机质 (g/kg)	全氮 (N g/kg)	全磷 (P g/kg)	全钾 (K g/kg)	速效氮 (N mg/kg)	有效磷 (P mg/kg)	速效钾 (K mg/kg)	缓效钾 (K mg/kg)	水溶液提 pH
2005	空地	0~10	1.606	—	—	—	18.99	2.85	127.86	504.52	7.66
2005	空地	10~20	2.206	—	—	—	22.79	3.52	123.09	445.74	7.72
2005	空地	0~10	3.645	—	—	—	18.99	4.26	128.82	491.27	7.83
2005	空地	10~20	3.893	—	—	—	43.69	5.9	101.16	625.52	7.62
2005	空地	0~10	3.342	—	—	—	15.2	2.77	116.1	489.63	8.05
2005	空地	10~20	2.37	—	—	—	24.69	3	106.88	521.40	7.95
2005	空地	0~10	2.51	—	—	—	30.39	4.64	105.93	526.45	8.06
2005	空地	10~20	2.777	—	—	—	41.79	3.82	133.58	496.75	7.89
2005	空地	0~10	2.174	—	—	—	22.79	7.84	147.25	458.48	7.98
2005	空地	10~20	1.827	—	—	—	28.49	6.57	146.93	491.60	7.79
2005	空地	0~10	1.327	—	—	—	26.59	9.55	126.59	466.84	8.2
2005	空地	10~20	1.862	—	—	—	36.09	8.51	133.58	523.40	7.84
2005	空地	0~10	1.701	0.18	0.545	15.347	—	—	—	—	—
2005	空地	10~20	1.661	0.173	0.521	15.533	—	—	—	—	—
2005	空地	20~40	2.89	0.234	0.543	15.938	—	—	—	—	—
2005	空地	40~60	3.091	0.222	0.524	16.115	—	—	—	—	—
2005	空地	60~80	2.867	0.308	0.54	16.635	—	—	—	—	—
2005	空地	80~100	3.014	0.305	0.567	15.985	—	—	—	—	—
2005	空地	0~10	1.76	0.194	0.571	15.532	—	—	—	—	—
2005	空地	10~20	1.271	0.142	0.584	15.297	—	—	—	—	—
2005	空地	20~40	1.549	0.137	0.523	14.972	—	—	—	—	—
2005	空地	40~60	2.916	0.219	0.644	15.565	—	—	—	—	—
2005	空地	60~80	2.011	0.212	0.509	15.071	—	—	—	—	—
2005	空地	80~100	2.055	0.176	0.52	14.954	—	—	—	—	—
2005	空地	0~10	2.246	0.181	0.496	15.814	—	—	—	—	—
2006	空地	0~10	3.04	0.26	—	—	33.49	3.18	123.60	—	7.8
2006	空地	10~20	3.16	0.16	—	—	17.47	2.88	110.12	—	7.8
2006	空地	0~10	2.67	0.19	—	—	32.03	3.57	115.13	—	8.1
2006	空地	10~20	2.92	0.16	—	—	36.40	2.88	102.04	—	7.8
2006	空地	0~10	3.57	0.37	—	—	18.93	3.23	126.75	—	8.0
2006	空地	10~20	3.56	0.41	—	—	26.21	2.64	131.45	—	8.1
2006	空地	0~10	3.78	0.34	—	—	27.66	3.55	103.96	—	8.2
2006	空地	10~20	3.80	0.34	—	—	30.58	2.75	115.51	—	8.1
2006	空地	0~10	3.52	0.32	—	—	24.75	3.55	128.52	—	8.1
2006	空地	10~20	3.68	0.33	—	—	21.84	3.18	118.05	—	8.3
2006	空地	0~10	3.17	0.30	—	—	17.47	2.04	113.97	—	8.0
2006	空地	10~20	2.78	0.25	—	—	34.94	2.51	113.13	—	8.1

表4-77 荒漠辅助观测场（一）土壤养分

土壤类型：风沙土　　母质：风成沙性母质

年份	作物	采样深度 (cm)	土壤有机质 (g/kg)	全氮 (N g/kg)	全磷 (P g/kg)	全钾 (K g/kg)	速效氮 (N mg/kg)	有效磷 (P mg/kg)	速效钾 (K mg/kg)	缓效钾 (K mg/kg)	水溶液提 pH
2005	空地	0～10	1.949	—	—	—	21.65	2.25	221.31	292.17	7.69
2005	空地	10～20	2.067	—	—	—	29.63	1.95	120.23	460.90	7.81
2005	空地	0～10	1.765	—	—	—	22.79	2.25	127.54	451.54	7.71
2005	空地	10～20	2.02	—	—	—	32.29	2.03	128.18	561.60	7.62
2005	空地	0～10	1.622	—	—	—	22.79	1.95	131.04	415.24	8.01
2005	空地	10～20	2.186	—	—	—	36.09	1.95	138.35	401.78	7.79
2005	空地	0～10	1.945	—	—	—	9.5	1.81	214.31	362.72	7.96
2005	空地	10～20	2.169	—	—	—	17.85	1.81	121.19	535.80	7.71
2005	空地	0～10	3.573	0.324	0.534	11.121	—	—	—	—	—
2005	空地	10～20	3.136	0.236	0.534	10.375	—	—	—	—	—
2005	空地	0～10	2.52	0.274	0.581	10.217	—	—	—	—	—
2005	空地	10～20	2.733	0.308	0.558	11.533	—	—	—	—	—
2005	空地	0～10	2.103	0.193	0.483	12.259	—	—	—	—	—
2005	空地	10～20	2.585	0.295	0.586	11.199	—	—	—	—	—
2005	空地	20～40	2.093	0.213	0.568	10.924	—	—	—	—	—
2005	空地	40～60	1.92	0.202	0.535	10.758	—	—	—	—	—
2005	空地	60～80	3.007	0.221	0.532	11.234	—	—	—	—	—
2005	空地	80～100	2.437	0.162	0.551	10.521	—	—	—	—	—
2005	空地	0～10	1.439	0.159	0.538	10.794	—	—	—	—	—
2005	空地	10～20	1.995	0.182	0.566	10.276	—	—	—	—	—
2006	空地	0～10	3.62	0.33	—	—	20.38	2.56	127.86	—	8.1
2006	空地	10～20	3.57	0.29	—	—	26.21	2.52	123.09	—	8.1
2006	空地	0～10	4.00	0.31	—	—	32.03	2.88	128.82	—	8.0
2006	空地	10～20	2.68	0.25	—	—	26.21	2.12	101.16	—	8.2
2006	空地	0～10	3.03	0.25	—	—	26.21	2.70	116.10	—	8.2
2006	空地	10～20	2.98	0.23	—	—	34.94	2.72	106.88	—	8.1
2006	空地	0～10	3.17	0.25	—	—	17.47	2.75	105.93	—	8.1
2006	空地	10～20	3.49	0.27	—	—	34.94	2.75	133.58	—	7.8
2006	空地	0～10	3.31	0.27	—	—	18.93	2.68	147.25	—	7.9
2006	空地	10～20	3.66	0.20	—	—	26.21	2.40	146.93	—	8.0
2006	空地	0～10	3.20	0.19	—	—	16.02	3.01	126.59	—	8.2
2006	空地	10～20	3.08	0.32	—	—	33.49	2.25	133.58	—	8.1

表4-78 荒漠辅助观测场（二）土壤养分

土壤类型：风沙土　　母质：风成沙性母质

年份	作物	采样深度 (cm)	土壤有机质 (g/kg)	全氮 (N g/kg)	全磷 (P g/kg)	全钾 (K g/kg)	速效氮 (N mg/kg)	有效磷 (P mg/kg)	速效钾 (K mg/kg)	缓效钾 (K mg/kg)	水溶液提 pH
2005	空地	0～10	2.332	—	—	—	24.69	2.48	152.34	441.10	8.0
2005	空地	10～20	2.367	—	—	—	32.29	2.03	158.06	488.68	7.9
2005	空地	0～10	2.292	—	—	—	20.89	2.03	155.83	511.40	7.7
2005	空地	10～20	2.896	—	—	—	41.79	2.25	144.71	536.88	7.65
2005	空地	0～10	2.628	—	—	—	32.29	3.44	161.23	442.45	7.98
2005	空地	10～20	2.663	—	—	—	41.79	2.85	183.48	436.60	7.82
2005	空地	0～10	2.62	—	—	—	22.79	2.62	136.76	522.27	8.1
2005	空地	10～20	2.547	—	—	—	49.39	2.1	133.58	548.00	7.79
2005	空地	0～10	2.356	0.265	0.51	15.834	—	—	—	—	—
2005	空地	10～20	1.294	0.148	0.49	15.276	—	—	—	—	—

（续）

年份	作物	采样深度 (cm)	土壤有机质 (g/kg)	全氮 (N g/kg)	全磷 (P g/kg)	全钾 (K g/kg)	速效氮 (N mg/kg)	有效磷 (P mg/kg)	速效钾 (K mg/kg)	缓效钾 (K mg/kg)	水溶液提 pH
2005	空地	0~10	0.827	0.079	0.475	15.628	—	—	—	—	—
2005	空地	10~20	0.703	0.079	0.371	17.218	—	—	—	—	—
2005	空地	0~10	1.205	0.105	0.485	16.561	—	—	—	—	—
2005	空地	10~20	0.949	0.107	0.535	13.045	—	—	—	—	—
2005	空地	20~40	3.763	0.236	0.603	14.249	—	—	—	—	—
2005	空地	40~60	3.182	0.207	0.564	14.234	—	—	—	—	—
2005	空地	60~80	3.186	0.202	0.519	14.964	—	—	—	—	—
2005	空地	80~100	3.904	0.308	0.563	15.81	—	—	—	—	—
2005	空地	0~10	3.516	0.225	0.575	14.963	—	—	—	—	—
2005	空地	10~20	2.898	0.179	0.569	11.606	—	—	—	—	—
2006	空地	0~10	2.62	0.19	—	—	24.75	3.57	136.61	—	8.1
2006	空地	10~20	3.13	0.28	—	—	45.14	3.52	149.46	—	7.4
2006	空地	0~10	3.41	0.21	—	—	23.30	3.21	117.90	—	7.7
2006	空地	10~20	2.67	0.28	—	—	17.47	2.64	122.13	—	7.8
2006	空地	0~10	2.54	0.20	—	—	32.03	2.43	184.73	—	8.1
2006	空地	10~20	2.68	0.24	—	—	46.59	2.99	196.20	—	8.2
2006	空地	0~10	3.33	0.22	—	—	37.86	2.56	187.50	—	8.0
2006	空地	10~20	2.30	0.19	—	—	27.66	2.75	172.02	—	8.1
2006	空地	0~10	2.25	0.19	—	—	23.30	2.19	174.95	—	8.0
2006	空地	10~20	2.19	0.22	—	—	40.77	3.63	218.75	—	8.0
2006	空地	0~10	2.66	0.20	—	—	39.31	2.80	232.38	—	8.1
2006	空地	10~20	2.66	0.22	—	—	37.86	1.37	283.58	—	8.1

4.2.3　土壤矿质全量

表4-79　绿洲农田综合观测场（常规）土壤矿质全量

土壤类型：风沙土　　　母质：风成沙性母质

年份	作物	采样深度 (cm)	SiO₂ (%)	Fe₂O₃ (%)	MnO (%)	TiO₂ (%)	Al₂O₃ (%)	CaO (%)	MgO (%)	K₂O (%)	Na₂O (%)	P₂O₅ (%)	LOI (烧失量, %)	S (g/kg)
2005	棉花	0~10	59.49	3.69	0.07	0.47	10.67	8.99	2.87	2.4	2.41	0.17	—	0.02
2005	棉花	10~20	59.72	3.61	0.07	0.48	11.25	8.22	2.94	2.32	2.4	0.17	—	0.02
2005	棉花	20~40	59.27	3.71	0.07	0.47	10.84	8.09	2.78	2.29	1.89	0.16	—	0.02
2005	棉花	40~60	59.64	3.73	0.07	0.65	10.76	7.76	2.8	2.27	1.86	0.15	—	0.02
2005	棉花	60~80	58.85	3.25	0.06	0.43	9.72	8.82	2.5	2.16	1.87	0.15	—	0.02
2005	棉花	80~100	58.22	3.92	0.08	0.5	12.1	8.65	2.89	2.47	2.66	0.16	—	0.02
2005	棉花	0~10	60.3	3.63	0.07	0.48	10.76	8.09	2.87	2.37	1.85	0.16	—	0.02
2005	棉花	10~20	61.11	3.78	0.08	0.51	10.31	7.25	2.94	2.4	1.98	0.17	—	0.02
2005	棉花	20~40	61.26	3.67	0.07	0.47	11.11	7.87	2.82	2.51	2.19	0.16	—	0.02
2005	棉花	40~60	60.96	3.76	0.07	0.52	10.71	8.18	3.00	2.47	2.27	0.16	—	0.02
2005	棉花	60~80	61.81	3.7	0.09	0.55	10.67	7.97	2.54	2.43	1.91	0.13	—	0.08
2005	棉花	80~100	61.84	4.25	0.08	0.54	10.26	8.01	3.18	2.63	2.73	0.16	—	0.02
2005	棉花	0~10	60.6	3.59	0.07	0.62	10.73	10.8	2.88	2.36	1.97	0.16	—	0.02
2005	棉花	10~20	61.69	3.39	0.07	0.42	9.79	8.7	2.46	2.21	3.62	0.15	—	0.02
2005	棉花	20~40	62.99	3.09	0.07	0.44	10.35	8.05	2.86	2.27	2.8	0.17	—	0.02
2005	棉花	40~60	60.47	3.1	0.07	0.45	10.85	7.74	2.84	2.92	3.21	0.17	—	0.02
2005	棉花	60~80	59.85	3.76	0.08	0.5	11.04	8.1	3.17	2.52	2.37	0.16	—	0.02
2005	棉花	80~100	62.96	2.53	0.07	0.41	8.7	8.33	2.88	2.1	3.29	0.16	—	0.03

表4-80 绿洲农田辅助观测场一（高产）土壤矿质全量

土壤类型：风沙土　　母质：风成沙性母质

年份	作物	采样深度(cm)	SiO₂(%)	Fe₂O₃(%)	MnO(%)	TiO₂(%)	Al₂O₃(%)	CaO(%)	MgO(%)	K₂O(%)	Na₂O(%)	P₂O₅(%)	LOI(烧失量,%)	S(g/kg)
2005	棉花	0~10	60.97	3.22	0.07	0.29	3.1	8.74	2.7	2.6	2.67	0.19	—	0.03
2005	棉花	10~20	61.97	3.29	0.07	0.29	7.21	9.08	2.82	2.62	1.83	0.21	—	0.02
2005	棉花	20~40	60.65	2.78	0.07	0.26	5.41	8.92	2.76	2.43	2.85	0.18	—	0.03
2005	棉花	40~60	62.83	3.47	0.07	0.29	6.05	9.06	2.76	2.32	2.99	0.14	—	0.03
2005	棉花	60~80	61.69	3.47	0.08	0.29	3.85	9.2	2.84	2.04	3.65	0.13	—	0.02
2005	棉花	80~100	59.79	3.91	0.08	0.3	9.54	10.28	3.99	2.33	3.96	0.13	—	0.03
2005	棉花	0~10	56.66	3.67	0.08	0.3	5.73	10.04	3.07	2.3	3.52	0.14	—	0.03
2005	棉花	10~20	58.8	3.86	0.08	0.33	10.14	10.27	3.35	2.55	4.39	0.15	—	0.03
2005	棉花	20~40	57.89	3.53	0.07	0.32	6.7	9.41	3.05	2.14	4.7	0.17	—	0.01
2005	棉花	40~60	58.52	3.07	0.07	0.3	6.16	9.13	2.71	2.04	3.49	0.17	—	0.01
2005	棉花	60~80	53.44	3.43	0.07	0.3	7.76	9.4	2.96	2.23	4.17	0.2	—	0.01
2005	棉花	80~100	55.55	3.44	0.07	0.3	7.17	9.65	2.92	2.27	3.05	0.19	—	0.02
2005	棉花	0~10	51.4	3.61	0.07	0.3	5.46	10.18	3.5	2.32	2.76	0.2	—	0.02
2005	棉花	10~20	54.79	3.55	0.07	0.29	6.28	10.54	3.5	2.44	2.31	0.25	—	0.02
2005	棉花	20~40	51.77	3.31	0.07	0.3	5.23	9.83	2.83	2.67	2.66	0.19	—	0.02
2005	棉花	40~60	53.99	3.71	0.08	0.32	6.24	9.98	3.13	2.48	2.24	0.19	—	0.02
2005	棉花	60~80	62.53	4.19	0.08	0.31	6.7	9.78	3.72	2.51	2.52	0.17	—	0.02
2005	棉花	80~100	60.73	3.46	0.08	0.32	5.85	9.05	2.89	2.25	3.74	0.17	—	0.02

表4-81 绿洲农田辅助观测场二（对照）土壤矿质全量

土壤类型：风沙土　　母质：风成沙性母质

年份	作物	采样深度(cm)	SiO₂(%)	Fe₂O₃(%)	MnO(%)	TiO₂(%)	Al₂O₃(%)	CaO(%)	MgO(%)	K₂O(%)	Na₂O(%)	P₂O₅(%)	LOI(烧失量,%)	S(g/kg)
2005	棉花	0~10	61.18	2.95	0.06	0.32	6.78	9.8	3.04	2.34	2.69	0.15	—	0.02
2005	棉花	10~20	58.98	3.04	0.07	0.26	4.41	9.48	2.98	2.02	2.38	0.15	—	0.01
2005	棉花	20~40	57.13	3.17	0.07	0.27	4.63	8.55	2.62	2.32	2.55	0.15	—	0.01
2005	棉花	40~60	57.45	3.38	0.08	0.31	5.71	9.5	3.61	2.3	3.15	0.17	—	0.01
2005	棉花	60~80	61.14	3.33	0.08	0.3	6.12	9.19	2.76	2.03	2.3	0.15	—	0.02
2005	棉花	80~100	62.66	3.41	0.09	0.35	5.71	7.1	2.41	2.2	3.11	0.15	—	0.02
2005	棉花	0~10	61.34	3.08	0.07	0.26	9.22	9.41	2.74	2.31	2.27	0.15	—	0.02
2005	棉花	10~20	62.8	3.13	0.07	0.25	5.55	9.73	2.71	2.43	3.76	0.17	—	0.02
2005	棉花	20~40	62.23	3.24	0.07	0.34	5.4	10.14	3.51	2.11	3.73	0.16	—	0.02
2005	棉花	40~60	57.04	3.33	0.07	0.29	5.42	9.27	2.84	2.16	2.04	0.18	—	0.02
2005	棉花	60~80	54.22	3.5	0.08	0.3	4.86	8.34	2.88	2.41	1.98	0.17	—	0.02
2005	棉花	80~100	62.61	3.35	0.08	0.32	6.04	8.15	2.63	2.34	2.14	0.2	—	0.02
2005	棉花	0~10	62.79	3.41	0.08	0.28	5.39	9.79	2.98	2.27	1.83	0.18	—	0.02
2005	棉花	10~20	62.58	3.38	0.07	0.28	5.44	9.78	2.95	2.29	1.77	0.19	—	0.02
2005	棉花	20~40	56.17	3.53	0.08	0.27	9.73	9.01	2.93	2.25	1.63	0.16	—	0.02
2005	棉花	40~60	63.4	3.59	0.08	0.31	9.96	9.86	3.07	2.3	2.09	0.2	—	0.02
2005	棉花	60~80	60.61	3.22	0.08	0.31	10.08	8.93	2.67	2.1	1.95	0.18	—	0.02
2005	棉花	80~100	57.22	3.64	0.08	0.55	11.78	10.28	3.07	2.6	3.77	0.2	—	0.02

表4-82 绿洲农田辅助观测场三（空白）土壤矿质全量

土壤类型：风沙土　　母质：风成沙性母质

年份	作物	采样深度(cm)	SiO₂(%)	Fe₂O₃(%)	MnO(%)	TiO₂(%)	Al₂O₃(%)	CaO(%)	MgO(%)	K₂O(%)	Na₂O(%)	P₂O₅(%)	LOI(烧失量, %)	S(g/kg)
2005	空白	0～10	62.01	3.09	0.06	0.27	8.62	8.61	2.59	1.87	2.06	0.15	—	0.01
2005	空白	10～20	61.92	3.01	0.07	0.27	7.77	8.81	2.6	1.92	1.76	0.15	—	0.01
2005	空白	20～40	58.05	2.95	0.07	0.31	10.8	8.79	2.66	2.12	2.19	0.17	—	0.01
2005	空白	40～60	60.44	2.89	0.07	0.28	8	9.64	3.21	1.86	3.34	0.16	—	0.01
2005	空白	60～80	62.95	3.11	0.07	0.28	6.54	9.09	2.6	2.09	1.82	0.17	—	0.02
2005	空白	80～100	60.24	3.3	0.07	0.31	7.91	9.92	3.32	2.13	2.31	0.18	—	0.02
2005	空白	0～10	58.39	3.3	0.07	0.31	8.77	10.44	3.02	2.26	2.02	0.16	—	0.02
2005	空白	10～20	60.34	3.24	0.07	0.31	8.09	9.9	2.87	2.07	2.5	0.16	—	0.02
2005	空白	20～40	58.5	3.01	0.07	0.29	6.68	9.71	2.59	2.37	2.27	0.13	—	0.02
2005	空白	40～60	61.24	3.02	0.08	0.3	9.34	9.99	2.64	2.11	3.11	0.14	—	0.02
2005	空白	60～80	57.05	3.04	0.07	0.28	8.14	9.46	2.66	2.24	2.56	0.13	—	0.02
2005	空白	80～100	58.96	3.25	0.07	0.4	6.96	9.35	2.74	2.13	2.32	0.15	—	0.02
2005	空白	0～10	62.19	3.13	0.07	0.41	6.64	10.49	3.46	2.33	2.36	0.14	—	0.02
2005	空白	10～20	60.45	3.34	0.07	0.42	6.47	9.6	2.87	2.18	2.14	0.15	—	0.02
2005	空白	20～40	60.45	3.43	0.07	0.42	6.73	9.92	2.92	2.31	2.16	0.15	—	0.02
2005	空白	40～60	60.27	3.47	0.08	0.55	6.74	9.95	2.94	2.31	2.21	0.15	—	0.02
2005	空白	60～80	62.83	3.6	0.08	0.55	7.08	9.48	3.05	2.37	2.25	0.15	—	0.02
2005	空白	80～100	59.17	3.71	0.08	0.66	6.48	10.6	3.04	2.47	2.44	0.18	—	0.03

表4-83 荒漠综合观测场土壤矿质全量

土壤类型：风沙土　　母质：风成沙性母质

年份	作物	采样深度(cm)	SiO₂(%)	Fe₂O₃(%)	MnO(%)	TiO₂(%)	Al₂O₃(%)	CaO(%)	MgO(%)	K₂O(%)	Na₂O(%)	P₂O₅(%)	LOI(烧失量, %)	S(g/kg)
2005	空白	0～10	60.98	2.93	0.07	0.57	11.06	9.00	2.81	2.32	2.88	0.18	0.02	—
2005	空白	10～20	61.30	2.83	0.07	0.44	9.87	10.06	2.54	2.19	1.98	0.16	0.02	—
2005	空白	20～40	62.08	3.01	0.07	0.47	9.65	11.00	2.78	2.37	2.11	0.17	0.02	—
2005	空白	40～60	60.72	3.10	0.07	0.45	10.90	9.99	2.77	2.78	2.84	0.17	0.02	—
2005	空白	60～80	56.97	3.16	0.08	0.48	9.72	17.45	2.87	2.43	1.99	0.17	0.02	—
2005	空白	80～100	55.43	3.20	0.08	0.46	9.98	14.70	2.84	2.39	3.02	0.17	0.03	—
2005	空白	0～16	63.08	3.04	0.08	0.50	9.89	12.24	2.84	2.32	2.75	0.19	0.02	—
2005	空白	16～24	62.74	3.41	0.09	0.47	9.12	8.27	2.34	2.92	2.85	0.17	0.02	—
2005	空白	24～31	60.66	3.41	0.10	0.47	10.13	7.94	2.29	2.77	3.61	0.17	0.02	—
2005	空白	31—100	61.98	3.92	0.09	0.74	8.08	8.86	2.96	2.84	2.29	0.20	0.02	—
2005	空白	0～12	61.58	2.86	0.07	0.37	7.22	8.75	2.40	2.50	4.20	0.16	0.02	—
2005	空白	12～36	60.35	3.03	0.07	0.31	6.23	10.56	3.28	3.23	2.87	0.17	0.02	—
2005	空白	36～100	61.91	3.10	0.08	0.30	4.90	9.40	2.71	2.68	3.27	0.18	0.02	—

表4-84 荒漠辅助观测场（一）土壤矿质全量

土壤类型：风沙土　　母质：风成沙性母质

年份	作物	采样深度(cm)	SiO₂(%)	Fe₂O₃(%)	MnO(%)	TiO₂(%)	Al₂O₃(%)	CaO(%)	MgO(%)	K₂O(%)	Na₂O(%)	P₂O₅(%)	LOI(烧失量, %)	S(g/kg)
2005	空白	0～10	57.02	4.21	0.09	0.73	5.67	11.16	3.16	2.87	2.44	0.19	0.10	—
2005	空白	10～20	53.34	4.12	0.09	0.70	6.97	11.27	3.16	2.81	2.26	0.19	0.04	—
2005	空白	20～40	56.63	3.70	0.10	0.68	8.16	11.76	2.92	2.35	3.90	0.19	0.03	—

（续）

年份	作物	采样深度(cm)	SiO₂(%)	Fe₂O₃(%)	MnO(%)	TiO₂(%)	Al₂O₃(%)	CaO(%)	MgO(%)	K₂O(%)	Na₂O(%)	P₂O₅(%)	LOI(烧失量,%)	S(g/kg)
2005	空白	40～60	57.92	3.51	0.08	0.66	9.47	11.38	2.68	3.42	3.75	0.16	0.03	—
2005	空白	60～80	55.11	3.06	0.07	0.63	7.88	13.94	6.60	2.27	4.02	0.14	0.03	—
2005	空白	80～100	59.11	3.78	0.08	0.53	7.44	10.36	2.99	2.59	2.38	0.16	0.02	—
2005	空白	0～10	61.93	3.50	0.07	0.63	6.05	10.32	2.76	2.36	2.90	0.18	0.03	—
2005	空白	10～20	60.82	3.09	0.07	0.39	6.46	11.46	4.10	2.66	3.53	0.14	0.02	—
2005	空白	20～40	62.74	3.35	0.07	0.52	8.32	9.66	2.52	2.55	3.36	0.14	0.02	—
2005	空白	40～60	61.57	3.32	0.07	0.51	7.89	9.27	2.51	2.19	3.64	0.14	0.02	—
2005	空白	60～80	62.20	3.06	0.07	0.50	8.13	10.15	2.33	2.55	2.59	0.15	0.02	—
2005	空白	80～100	58.80	2.89	0.07	0.40	7.82	12.45	5.63	1.96	2.78	0.13	0.02	—

表4-85　荒漠辅助观测场（二）土壤矿质全量

土壤类型：风沙土　　母质：风成沙性母质

年份	作物	采样深度(cm)	SiO₂(%)	Fe₂O₃(%)	MnO(%)	TiO₂(%)	Al₂O₃(%)	CaO(%)	MgO(%)	K₂O(%)	Na₂O(%)	P₂O₅(%)	LOI(烧失量,%)	S(g/kg)
2005	空白	0～10	58.95	3.59	0.07	0.29	8.13	10.79	3.58	2.75	2.46	0.18	0.02	0.02
2005	空白	10～20	54.24	3.04	0.06	0.38	10.19	8.25	2.12	2.60	1.90	0.16	0.02	0.01
2005	空白	20～40	58.04	3.02	0.06	0.36	9.63	8.08	1.97	2.66	1.40	0.14	0.02	0.01
2005	空白	40～60	53.29	2.61	0.05	0.21	11.16	7.03	1.66	3.11	1.60	0.13	0.02	0.01
2005	空白	60～80	67.02	2.86	0.06	0.26	9.57	7.79	1.92	2.59	1.71	0.13	0.01	0.01
2005	空白	80～100	60.43	2.91	0.06	0.34	9.49	9.72	2.15	2.46	1.77	0.14	0.02	0.02
2005	空白	0～10	60.54	3.50	0.06	0.47	8.98	9.06	3.41	2.42	3.24	0.18	0.02	0.02
2005	空白	10～20	61.54	3.30	0.06	0.37	6.90	10.22	2.41	2.41	3.75	0.14	0.02	0.01
2005	空白	20～40	59.95	3.20	0.06	0.27	6.53	9.68	2.26	2.51	1.71	0.14	0.02	0.02
2005	空白	40～60	53.98	3.55	0.07	0.36	6.64	10.62	3.39	2.41	3.43	0.14	0.02	0.02
2005	空白	60～80	56.09	3.24	0.06	0.26	8.11	9.39	2.61	2.30	1.56	0.14	0.02	0.02
2005	空白	80～100	52.84	3.07	0.06	0.24	6.35	8.77	2.26	2.17	1.12	0.14	0.02	0.02

4.2.4　土壤微量元素和重金属元素

表4-86　绿洲农田综合观测场（常规）土壤微量元素和重金属元素

土壤类型：风沙土　　母质：风成沙性母质　　　　　　　　　　　　　　　　单位：mg/kg

年份	作物	采样深度(cm)	全硼(B)	全钼(Mo)	全锰(Mn)	全锌(Zn)	全铜(Cu)	全铁(Fe)	硒(Se)	镉(Cd)	铅(Pb)	铬(Cr)	镍(Ni)	汞(Hg)	砷(As)	钴(Co)
2005	棉花	0～10	6.6	0.7	542.2	127.3	18.9	25 809.0	0.0	0.1	23.2	52.5	25.9	0.0	7.2	—
2005	棉花	10～20	6.8	0.7	557.7	65.7	17.8	25 249.0	0.0	0.1	22.1	51.4	27.0	0.0	7.3	—
2005	棉花	20～40	2.6	0.7	550.0	56.8	18.8	25 956.0	0.0	0.1	22.4	53.0	26.3	0.0	1.3	—
2005	棉花	40～60	10.0	0.7	557.7	52.5	21.3	26 096.0	0.0	0.1	22.8	53.2	27.7	0.0	2.0	—
2005	棉花	60～80	4.3	0.6	495.7	50.8	17.1	22 771.0	0.0	0.1	21.1	46.9	26.8	0.0	2.0	—
2005	棉花	80～100	18.8	0.7	581.0	49.6	20.4	27 454.0	0.0	0.1	65.2	55.6	32.9	0.0	4.2	—
2005	棉花	0～10	3.5	0.7	550.0	57.7	18.4	25 389.0	0.0	0.1	21.7	51.8	26.6	0.0	1.8	—
2005	棉花	10～20	5.1	0.7	581.0	56.7	19.7	26 453.0	0.0	0.1	22.3	53.7	46.4	0.0	1.4	—
2005	棉花	20～40	15.4	0.7	534.5	55.7	19.0	25 669.0	0.0	0.1	22.8	51.9	29.1	0.0	5.5	—
2005	棉花	40～60	18.1	0.7	573.2	49.9	19.0	26 348.0	0.0	0.1	22.7	53.4	24.4	0.0	4.0	—
2005	棉花	60～80	17.6	0.6	689.4	65.4	18.3	25 928.0	0.0	0.1	19.6	52.2	25.5	0.0	11.3	—
2005	棉花	80～100	3.7	0.8	611.9	43.1	21.6	29 743.0	0.0	0.1	69.0	59.8	28.5	0.0	4.4	—

（续）

年份	作物	采样深度 (cm)	全硼 (B)	全钼 (Mo)	全锰 (Mn)	全锌 (Zn)	全铜 (Cu)	全铁 (Fe)	硒 (Se)	镉 (Cd)	铅 (Pb)	铬 (Cr)	镍 (Ni)	汞 (Hg)	砷 (As)	钴 (Co)
2005	棉花	0~10	1.6	0.7	534.5	68.5	17.8	25 130.0	0.1	0.1	21.6	50.0	28.6	0.0	2.7	—
2005	棉花	10~20	9.3	0.8	526.7	59.5	23.4	23 695.0	0.4	0.2	23.0	49.5	27.7	0.0	9.4	—
2005	棉花	20~40	2.1	0.6	573.2	54.3	16.4	21 609.0	0.0	0.1	18.6	50.6	28.2	0.0	16.0	—
2005	棉花	40~60	4.6	0.6	542.2	52.7	17.7	21 707.0	0.0	0.2	32.6	53.6	27.7	0.0	15.4	—
2005	棉花	60~80	2.3	0.8	627.4	52.5	23.6	26 334.0	0.0	0.2	23.4	60.9	31.6	0.0	15.4	—
2005	棉花	80~100	1.3	0.6	511.2	59.0	16.3	17 717.0	0.0	0.2	19.0	47.8	33.9	0.0	28.6	—

表4-87　绿洲农田辅助观测场一（高产）土壤微量元素和重金属元素

土壤类型：风沙土　　　母质：风成沙性母质　　　　　　　　　　　　　　　　　　　　单位：mg/kg

年份	作物	采样深度 (cm)	全硼 (B)	全钼 (Mo)	全锰 (Mn)	全锌 (Zn)	全铜 (Cu)	全铁 (Fe)	硒 (Se)	镉 (Cd)	铅 (Pb)	铬 (Cr)	镍 (Ni)	汞 (Hg)	砷 (As)	钴 (Co)
2005	棉花	0~10	5.6	0.6	565.5	24.5	17.0	22 526.0	0.0	0.1	21.2	53.6	25.5	0.0	7.2	—
2005	棉花	10~20	22.6	0.6	573.2	39.6	16.8	23 002.0	0.0	0.1	19.3	54.6	26.8	0.0	2.3	—
2005	棉花	20~40	2.8	0.6	511.2	19.7	14.8	19 439.0	0.0	0.1	17.2	48.2	23.7	0.0	10.0	—
2005	棉花	40~60	2.2	0.6	573.2	79.6	16.8	24 290.0	0.0	0.8	20.9	54.7	26.3	0.0	4.5	—
2005	棉花	60~80	1.8	0.7	635.2	13.4	18.9	24 283.0	0.0	0.1	16.3	54.3	27.6	0.0	16.4	—
2005	棉花	80~100	4.6	0.8	635.2	14.1	19.7	27 370.0	0.0	0.1	15.7	58.5	29.9	0.0	36.4	—
2005	棉花	0~10	11.4	0.7	619.7	16.4	17.5	25 718.0	0.0	0.1	15.4	56.7	28.2	0.0	6.5	—
2005	棉花	10~20	7.2	0.7	642.9	21.6	19.3	26 985.0	0.1	0.1	80.8	58.6	28.9	0.0	14.2	—
2005	棉花	20~40	16.8	0.8	557.7	131.9	17.9	24 696.0	0.0	0.1	16.4	59.4	28.8	0.0	1.1	—
2005	棉花	40~60	4.3	0.7	526.7	30.0	16.6	21 497.0	0.1	0.1	62.3	54.5	25.9	0.0	14.6	—
2005	棉花	60~80	22.5	0.7	573.2	29.1	17.7	23 996.0	0.1	0.1	121.5	55.0	27.5	0.0	11.1	—
2005	棉花	80~100	7.9	0.7	573.2	24.8	18.2	24 080.0	0.0	0.1	112.7	56.8	28.5	0.0	10.2	—
2005	棉花	0~10	3.7	0.7	573.2	16.9	18.4	25 242.0	0.0	0.1	16.8	56.6	30.3	0.0	12.6	—
2005	棉花	10~20	2.0	0.7	573.2	16.7	18.1	24 815.0	0.0	0.1	25.0	55.8	31.4	0.0	17.5	—
2005	棉花	20~40	1.4	0.6	534.5	24.6	17.6	23 149.0	0.0	0.1	28.5	54.5	27.0	0.0	6.2	—
2005	棉花	40~60	7.9	0.6	604.2	19.8	18.4	25 963.0	0.0	0.1	40.5	59.4	29.8	0.0	8.2	—
2005	棉花	60~80	3.7	0.8	642.9	13.3	21.7	29 337.0	0.0	0.1	17.5	63.8	33.8	0.0	8.8	—
2005	棉花	80~100	1.7	0.7	581.0	26.7	19.0	24 185.0	0.1	0.2	57.9	57.2	28.3	0.0	16.1	—

表4-88　绿洲农田辅助观测场二（对照）土壤微量元素和重金属元素

土壤类型：风沙土　　　母质：风成沙性母质　　　　　　　　　　　　　　　　　　　　单位：mg/kg

年份	作物	采样深度 (cm)	全硼 (B)	全钼 (Mo)	全锰 (Mn)	全锌 (Zn)	全铜 (Cu)	全铁 (Fe)	硒 (Se)	镉 (Cd)	铅 (Pb)	铬 (Cr)	镍 (Ni)	汞 (Hg)	砷 (As)	钴 (Co)
2005	棉花	0~10	5.0	0.5	495.7	15.4	15.4	20 650.0	0.0	0.1	14.3	47.3	25.0	0.0	6.8	—
2005	棉花	10~20	2.4	0.6	519.0	20.7	15.8	21 308.0	0.0	0.1	14.9	48.7	25.4	0.0	10.1	—
2005	棉花	20~40	10.8	0.6	542.2	88.2	16.2	22 190.0	0.0	0.2	18.5	48.0	24.9	0.0	6.8	—
2005	棉花	40~60	21.2	0.6	588.7	32.0	17.0	23 639.0	0.0	0.1	18.7	54.0	24.6	0.0	30.0	—
2005	棉花	60~80	2.3	0.7	581.0	49.6	16.4	23 282.0	0.0	0.1	17.4	51.5	26.8	0.0	0.6	—
2005	棉花	80~100	15.4	0.6	681.6	54.9	13.3	23 870.0	0.0	0.1	17.4	52.7	22.5	0.0	0.9	—
2005	棉花	0~10	19.5	0.6	511.2	57.7	16.6	21 532.0	0.0	0.1	17.6	46.7	25.4	0.0	19.2	—
2005	棉花	10~20	2.8	0.6	534.5	52.5	17.3	21 882.0	0.0	0.1	19.2	47.0	23.9	0.0	19.9	—
2005	棉花	20~40	4.7	0.7	526.7	45.5	17.7	22 673.0	0.0	0.1	18.4	48.3	26.4	0.0	35.9	—
2005	棉花	40~60	5.7	0.6	557.7	79.3	17.1	23 310.0	0.0	0.1	18.1	48.4	25.8	0.0	2.0	—
2005	棉花	60~80	6.8	0.6	627.4	39.8	15.9	24 479.0	0.0	0.1	19.3	50.9	25.1	0.0	2.5	—
2005	棉花	80~100	3.6	0.5	627.4	85.1	13.8	23 464.0	0.0	0.1	17.9	54.2	25.3	0.0	0.9	—

(续)

年份	作物	采样深度 (cm)	全硼 (B)	全钼 (Mo)	全锰 (Mn)	全锌 (Zn)	全铜 (Cu)	全铁 (Fe)	硒 (Se)	镉 (Cd)	铅 (Pb)	铬 (Cr)	镍 (Ni)	汞 (Hg)	砷 (As)	钴 (Co)
2005	棉花	0~10	4.8	0.6	550.0	51.3	17.3	23 856.0	0.0	0.1	16.6	49.9	26.7	0.0	0.9	—
2005	棉花	10~20	9.4	0.6	550.0	42.5	17.9	23 681.0	0.0	0.1	16.7	49.3	27.4	0.0	1.0	—
2005	棉花	20~40	8.0	0.7	557.7	34.0	18.8	24 696.0	0.0	0.1	18.4	52.6	27.6	0.0	1.0	—
2005	棉花	40~60	24.2	0.7	611.9	79.1	19.0	25 123.0	0.0	0.1	18.6	53.9	27.2	0.0	5.7	—
2005	棉花	60~80	11.9	0.6	588.7	63.2	16.4	22 505.0	0.0	0.1	19.1	49.1	24.0	0.0	1.6	—
2005	棉花	80~100	3.9	0.8	604.2	167.7	19.5	25 508.0	0.0	0.1	17.0	54.0	30.8	0.0	12.9	—

表4-89 绿洲农田辅助观测场三（空白）土壤微量元素和重金属元素

土壤类型：风沙土　　母质：风成沙性母质　　　　　　　　　　　　　　　　　　　单位：mg/kg

年份	作物	采样深度 (cm)	全硼 (B)	全钼 (Mo)	全锰 (Mn)	全锌 (Zn)	全铜 (Cu)	全铁 (Fe)	硒 (Se)	镉 (Cd)	铅 (Pb)	铬 (Cr)	镍 (Ni)	汞 (Hg)	砷 (As)	钴 (Co)
2005	空白	0~10	8.4	0.7	472.5	90.3	15.3	21 650.0	0.0	0.1	15.1	50.5	24.6	0.0	6.2	—
2005	空白	10~20	12.8	0.6	503.5	75.0	16.3	21 077.0	0.0	0.1	14.1	49.9	25.8	0.0	1.9	—
2005	空白	20~40	34.6	0.6	503.5	54.1	22.0	20 650.0	0.0	0.1	15.6	51.2	26.6	0.0	6.0	—
2005	空白	40~60	4.5	0.6	511.2	26.0	17.2	20 202.0	0.0	0.1	14.5	47.7	25.9	0.0	28.8	—
2005	空白	60~80	6.2	0.6	519.0	32.4	16.6	21 770.0	0.0	0.1	14.2	50.4	27.8	0.0	2.7	—
2005	空白	80~100	21.3	0.6	565.5	17.6	17.7	23 128.0	0.0	0.1	14.5	52.4	28.2	0.0	24.4	—
2005	空白	0~10	27.8	0.6	565.5	57.9	18.1	23 072.0	0.0	0.1	15.3	54.5	29.9	0.0	2.1	—
2005	空白	10~20	34.8	0.6	557.7	47.7	18.2	22 659.0	0.0	0.1	14.9	54.9	30.0	0.0	1.5	—
2005	空白	20~40	17.7	0.6	519.0	38.3	17.2	21 042.0	0.0	0.1	16.6	48.6	26.2	0.0	19.4	—
2005	空白	40~60	19.1	0.6	588.7	20.8	17.6	21 119.0	0.0	0.1	15.4	51.2	26.7	0.0	12.8	—
2005	空白	60~80	16.8	0.6	519.0	22.4	17.5	21 273.0	0.0	0.1	15.9	49.6	27.3	0.0	17.7	—
2005	空白	80~100	16.1	0.8	542.2	46.3	18.0	22 757.0	0.0	0.1	14.9	54.7	29.8	0.0	1.5	—
2005	空白	0~10	4.5	0.6	534.5	18.7	18.4	21 903.0	0.0	0.1	14.6	49.8	28.2	0.0	23.1	—
2005	空白	10~20	12.2	0.6	565.5	92.0	18.0	23 359.0	0.0	0.1	13.9	54.0	29.7	0.0	1.6	—
2005	空白	20~40	8.7	0.7	565.5	83.6	19.5	24 024.0	0.0	0.1	15.2	58.0	31.7	0.0	1.5	—
2005	空白	40~60	14.4	0.6	581.0	101.2	19.2	24 269.0	0.0	0.1	14.6	56.3	31.4	0.0	1.5	—
2005	空白	60~80	10.6	0.7	596.4	91.5	19.5	25 214.0	0.0	0.1	14.7	56.5	32.3	0.0	1.6	—
2005	空白	80~100	15.3	0.8	604.2	117.1	21.2	25 984.0	0.0	0.1	15.1	58.5	35.1	0.0	1.6	—

表4-90 荒漠综合观测场土壤微量元素和重金属元素

土壤类型：风沙土　　母质：风成沙性母质　　　　　　　　　　　　　　　　　　　单位：mg/kg

年份	作物	采样深度 (cm)	全硼 (B)	全钼 (Mo)	全锰 (Mn)	全锌 (Zn)	全铜 (Cu)	全铁 (Fe)	硒 (Se)	镉 (Cd)	铅 (Pb)	铬 (Cr)	镍 (Ni)	汞 (Hg)	砷 (As)	钴 (Co)
2005	空白	0~10	13.0	0.6	526.7	51.9	16.8	20 531.0	0.0	0.1	19.3	48.3	24.3	0.0	9.8	—
2005	空白	10~20	3.3	0.6	519.0	58.6	15.3	19 803.0	0.0	0.2	17.6	49.1	27.2	0.0	10.4	—
2005	空白	20~40	9.7	0.7	550.0	56.1	27.7	21 035.0	0.0	0.2	17.2	52.3	33.7	0.0	10.4	—
2005	空白	40~60	3.4	0.7	565.5	66.0	16.4	21 728.0	0.0	1.2	27.3	53.5	27.8	0.0	13.6	—
2005	空白	60~80	1.0	0.7	581.0	57.6	18.6	22 127.0	0.0	0.2	19.9	54.9	34.9	0.0	13.3	—
2005	空白	80~100	6.3	0.7	596.4	57.4	26.3	22 407.0	0.0	0.4	17.9	54.8	48.5	0.0	14.9	—
2005	空白	0~16	8.1	0.6	611.9	59.0	15.2	21 266.0	0.0	0.1	14.9	54.2	29.1	0.0	15.1	—
2005	空白	16~24	19.5	0.6	681.6	69.2	30.9	23 870.0	0.0	0.1	22.3	58.4	26.7	0.0	4.8	—
2005	空白	24~31	10.7	0.6	751.4	34.1	14.1	23 856.0	0.1	0.1	15.4	60.7	25.7	0.0	12.9	—
2005	空白	31~100	17.6	0.7	697.1	39.6	18.3	27 433.0	0.0	0.1	20.8	61.2	28.5	0.0	3.5	—
2005	空白	0~12	3.9	0.6	557.7	20.8	14.7	20 048.0	0.0	0.1	26.3	51.1	24.4	0.0	9.0	—
2005	空白	12~36	9.3	0.6	573.2	21.7	15.6	21 231.0	0.0	0.1	19.0	51.0	24.5	0.0	9.9	—
2005	空白	36~100	10.2	0.7	604.2	22.9	16.4	21 679.0	0.0	0.1	34.2	54.7	26.1	0.0	7.8	—

表 4-91 荒漠辅助观测场（一）壤微量元素和重金属元素

年份	作物	采样深度 (cm)	全硼 (B)	全钼 (Mo)	全锰 (Mn)	全锌 (Zn)	全铜 (Cu)	全铁 (Fe)	硒 (Se)	镉 (Cd)	铅 (Pb)	铬 (Cr)	镍 (Ni)	汞 (Hg)	砷 (As)	钴 (Co)
2005	空白	0~10	8.9	0.7	658.4	122.8	23.7	29 449.0	0.0	0.1	15.9	65.0	39.2	0.0	1.7	—
2005	空白	10~20	6.8	0.7	658.4	60.0	23.4	28 868.0	0.0	0.1	16.5	66.0	37.6	0.0	3.1	—
2005	空白	20~40	5.9	0.7	790.1	51.7	23.3	25 921.0	0.0	0.1	18.9	58.7	34.9	0.0	30.9	—
2005	空白	40~60	9.3	0.7	588.7	45.3	22.6	24 535.0	0.0	0.3	24.2	56.5	34.5	0.0	5.5	—
2005	空白	60~80	12.7	0.7	542.4	43.3	22.0	21 434.0	0.1	0.1	17.5	51.4	33.9	0.0	26.2	—
2005	空白	80~100	14.5	0.7	619.7	53.8	21.7	26 425.0	0.0	0.1	15.1	59.8	34.0	0.0	5.6	—
2005	空白	0~10	24.0	0.7	573.2	44.0	19.6	24 514.0	0.0	0.1	17.7	56.3	37.1	0.0	1.6	—
2005	空白	10~20	4.6	0.7	526.7	52.7	20.5	21 644.0	0.0	0.1	15.5	49.9	30.4	0.0	5.3	—
2005	空白	20~40	7.2	0.6	565.5	50.6	20.3	23 450.0	0.0	0.3	24.5	55.6	28.8	0.0	29.1	—
2005	空白	40~60	33.1	0.7	550.0	49.1	18.5	23 261.0	0.0	0.1	14.2	54.3	34.2	0.0	1.5	—
2005	空白	60~80	2.8	0.7	511.2	59.3	21.4	21 420.0	0.0	0.1	14.7	59.5	28.5	0.0	29.0	—
2005	空白	80~100	6.4	0.9	542.2	49.1	19.3	20 244.0	0.1	0.1	15.5	48.1	28.9	0.0	5.3	—

表 4-92 荒漠辅助观测场（二）土壤微量元素和重金属元素

土壤类型：风沙土　　　母质：风成沙性母质

年份	作物	采样深度 (cm)	全硼 (B)	全钼 (Mo)	全锰 (Mn)	全锌 (Zn)	全铜 (Cu)	全铁 (Fe)	硒 (Se)	镉 (Cd)	铅 (Pb)	铬 (Cr)	镍 (Ni)	汞 (Hg)	砷 (As)	钴 (Co)
2005	空白	0~10	2.5	0.7	550.0	106.4	19.7	25 102.0	0.0	0.1	15.1	54.0	32.7	0.0	3.8	—
2005	空白	10~20	30.7	0.6	488.0	47.7	16.5	21 287.0	0.0	0.2	20.1	53.1	32.0	0.0	2.2	—
2005	空白	20~40	17.2	0.6	464.8	40.4	15.9	21 119.0	0.0	0.1	18.3	43.6	24.8	0.0	2.2	—
2005	空白	40~60	8.3	0.4	395.0	35.2	13.8	18 284.0	0.0	0.1	18.4	38.0	22.4	0.0	5.6	—
2005	空白	60~80	15.5	0.5	441.5	33.7	16.0	20 041.0	0.0	0.1	19.1	46.3	25.4	0.0	2.4	—
2005	空白	80~100	15.6	0.6	449.3	35.3	19.2	20 377.0	0.0	0.4	24.1	43.9	27.7	0.0	26.4	—
2005	空白	0~10	5.7	0.7	519.0	42.2	23.1	24 486.0	0.1	0.1	18.1	48.1	34.2	0.0	19.0	—
2005	空白	10~20	5.9	0.7	596.4	40.9	23.1	23 086.0	0.0	0.2	19.8	47.7	30.5	0.0	4.3	—
2005	空白	20~40	1.9	0.6	464.8	39.9	20.9	22 386.0	0.0	0.1	16.3	46.1	29.4	0.0	21.0	—
2005	空白	40~60	2.7	0.8	511.2	49.6	23.0	24 836.0	0.1	0.2	26.3	48.8	32.7	0.0	9.1	—
2005	空白	60~80	2.8	0.7	472.5	40.2	19.6	22 666.0	0.0	0.1	16.0	45.8	28.2	0.0	21.4	—
2005	空白	80~100	8.3	0.6	449.3	42.1	18.3	21 518.0	0.0	0.1	14.7	44.2	26.4	0.0	2.8	—

4.2.5 土壤速效微量元素

表 4-93 绿洲农田综合观测场（常规）土壤速效微量元素

土壤类型：风沙土　　　母质：风成沙性母质

年份	作物	采样深度（cm）	有效铁 (Fe mg/kg)， DTPA 浸提	有效铜 (Cu mg/kg)， DTPA 浸提	有效钼 (Mo mg/kg)	有效硼 (B mg/kg)	有效锰 (Mn mg/kg) 中性乙酸铵— 对苯二酚浸提	有效锌 (Zn mg/kg) DTPA 浸提	有效硫 (P mg/kg， 氯化钙浸提)
2005	棉花	0~10	3.2	0.26	0.155	—	16.62	0.24	4.32
2005	棉花	10~20	3.1	0.25	0.154	—	17.42	0.27	2.32
2005	棉花	0~10	3.12	0.26	0.155	—	18.55	0.25	3.52
2005	棉花	10~20	3.31	0.26	0.131	—	17.1	0.36	1.54
2005	棉花	0~10	2.03	0.19	0.136	—	13.88	0.14	2.82
2005	棉花	10~20	2.11	0.19	0.146	—	13.4	0.23	2.18
2005	棉花	0~10	1.92	0.19	0.138	—	12.59	0.16	3.09
2005	棉花	10~20	1.89	0.17	0.148	—	12.43	0.16	1.59
2005	棉花	0~10	3.6	0.28	0.131	—	18.55	0.27	3.56
2005	棉花	10~20	3.18	0.26	0.138	—	18.87	0.26	1.49
2005	棉花	0~10	2.02	0.2	0.150	—	14.85	0.13	2.51
2005	棉花	10~20	1.87	0.19	0.150	—	15.01	0.16	1.74

表4-94 绿洲农田辅助观测场一（高产）土壤速效微量元素

土壤类型：风沙土　　母质：风成沙性母质

年份	作物	采样深度（cm）	有效铁（Fe mg/kg），DTPA 浸提	有效铜（Cu mg/kg），DTPA 浸提	有效钼（Mo mg/kg）	有效硼（B mg/kg）	有效锰（Mn mg/kg）中性乙酸铵—对苯二酚浸提	有效锌（Zn mg/kg）DTPA 浸提	有效硫（P mg/kg，氯化钙浸提）
2005	棉花	0～10	3.71	0.26	0.131	—	16.46	0.35	2.68
2005	棉花	10～20	3.75	0.23	0.130	—	15.33	0.43	2.27
2005	棉花	0～10	4.03	0.25	0.142	—	17.91	0.36	3.32
2005	棉花	10～20	4.33	0.24	0.132	—	17.91	0.37	1.91
2005	棉花	0～10	5.01	0.29	0.128	—	19.51	0.53	3.19
2005	棉花	10～20	4.8	0.27	0.127	—	19.03	0.47	1.74
2005	棉花	0～10	4.31	0.26	0.122	—	18.39	0.38	2.74
2005	棉花	10～20	3.93	0.23	0.122	—	17.1	0.39	1.59
2005	棉花	0～10	3.13	0.21	0.134	—	17.91	0.26	2.99
2005	棉花	10～20	3.44	0.22	0.130	—	17.74	0.35	1.72
2005	棉花	0～10	3.37	0.24	0.119	—	17.1	0.34	3.25
2005	棉花	10～20	3.42	0.18	0.134	—	16.62	0.34	2.4

表4-95 绿洲农田辅助观测场二（对照）土壤速效微量元素

土壤类型：风沙土　　母质：风成沙性母质

年份	作物	采样深度（cm）	有效铁（Fe mg/kg），DTPA 浸提	有效铜（Cu mg/kg），DTPA 浸提	有效钼（Mo mg/kg）	有效硼（B mg/kg）	有效锰（Mn mg/kg）中性乙酸铵—对苯二酚浸提	有效锌（Zn mg/kg）DTPA 浸提	有效硫（P mg/kg，氯化钙浸提）
2005	棉花	0～10	1.78	0.17	0.146	—	14.04	0.11	2.21
2005	棉花	10～20	1.85	0.2	0.149	—	14.53	0.1	3.53
2005	棉花	0～10	1.93	0.19	0.191	—	13.88	0.1	2.51
2005	棉花	10～20	1.79	0.16	0.184	—	13.38	0.1	1.42
2005	棉花	0～10	1.91	0.18	0.162	—	13.7	0.09	2.25
2005	棉花	10～20	1.77	0.15	0.171	—	13.23	0.1	1.07
2005	棉花	0～10	2.06	0.15	0.162	—	13.56	0.09	2.17
2005	棉花	10～20	1.69	0.15	0.135	—	13.08	0.09	1.07
2005	棉花	0～10	2.26	0.24	0.148	—	15.01	0.12	3.09
2005	棉花	10～20	1.7	0.19	0.147	—	14.32	0.14	1.27
2005	棉花	0～10	2.13	0.23	0.154	—	15.11	0.14	2.63
2005	棉花	10～20	1.72	0.18	0.173	—	13.7	0.13	1.53

表4-96 绿洲农田辅助观测场三（空白）土壤速效微量元素

土壤类型：风沙土　　母质：风成沙性母质

年份	作物	采样深度（cm）	有效铁（Fe mg/kg），DTPA 浸提	有效铜（Cu mg/kg），DTPA 浸提	有效钼（Mo mg/kg）	有效硼（B mg/kg）	有效锰（Mn mg/kg）中性乙酸铵—对苯二酚浸提	有效锌（Zn mg/kg）DTPA 浸提	有效硫（P mg/kg，氯化钙浸提）
2005	空白	0～10	1.78	0.21	0.169	—	13.54	0.14	7.86
2005	空白	10～20	1.58	0.18	0.182	—	14.95	0.18	25.3
2005	空白	0～10	1.83	0.18	0.185	—	13.07	0.13	14.67
2005	空白	10～20	1.65	0.23	0.155	—	17.14	0.12	7.81

（续）

年份	作物	采样深度（cm）	有效铁 (Fe mg/kg)， DTPA 浸提	有效铜 (Cu mg/kg)， DTPA 浸提	有效钼 (Mo mg/kg)	有效硼 (B mg/kg)	有效锰 (Mn mg/kg) 中性乙酸铵— 对苯二酚浸提	有效锌 (Zn mg/kg) DTPA 浸提	有效硫 (P mg/kg， 氯化钙浸提)
2005	空白	0～10	2.01	0.19	0.178	—	12.6	0.15	15.06
2005	空白	10～20	1.69	0.17	0.200	—	13.23	0.14	19.44
2005	空白	0～10	2.3	0.19	0.194	—	12.13	0.16	13.34
2005	空白	10～20	2.14	0.18	0.199	—	12.76	0.16	18.67
2005	空白	0～10	2.15	0.19	0.179	—	11.97	0.15	11.23
2005	空白	10～20	1.94	0.17	0.186	—	12.13	0.14	7.28
2005	空白	0～10	1.87	0.19	0.161	—	13.7	0.17	7.3
2005	空白	10～20	1.77	0.19	0.161	—	13.85	0.17	7.49

表 4-97 荒漠综合观测场场土壤速效微量元素

土壤类型：风沙土　　母质：风成沙性母质

年份	作物	采样深度（cm）	有效铁 (Fe mg/kg)， DTPA 浸提	有效铜 (Cu mg/kg)， DTPA 浸提	有效钼 (Mo mg/kg)	有效硼 (B mg/kg)	有效锰 (Mn mg/kg) 中性乙酸铵— 对苯二酚浸提	有效锌 (Zn mg/kg) DTPA 浸提	有效硫 (P mg/kg， 氯化钙浸提)
2005	空地	0～10	2.05	0.20	0.166	—	14.36	0.14	14.48
2005	空地	10～20	1.67	0.18	0.146	—	16.30	0.12	12.69
2005	空地	0～10	2.11	0.21	0.162	—	13.72	0.16	7.83
2005	空地	10～20	1.68	0.23	0.176	—	15.33	0.15	18.01
2005	空地	0～10	1.96	0.15	0.185	—	13.40	0.10	3.24
2005	空地	10～20	1.77	0.19	0.160	—	15.65	0.10	6.73
2005	空地	0～10	2.10	0.24	0.174	—	15.49	0.14	5.96
2005	空地	10～20	1.76	0.23	0.174	—	15.81	0.12	12.25
2005	空地	0～10	2.18	0.21	0.168	—	13.24	0.16	7.29
2005	空地	10～20	1.74	0.18	0.172	—	13.40	0.13	13.61
2005	空地	0～10	2.04	0.15	0.161	—	13.24	0.14	5.03
2005	空地	10～20	2.84	0.15	0.175	—	13.56	0.16	7.06

表 4-98 荒漠辅助观测场（一）土壤速效微量元素

土壤类型：风沙土　　母质：风成沙性母质

年份	作物	采样深度（cm）	有效铁 (Fe mg/kg)， DTPA 浸提	有效铜 (Cu mg/kg)， DTPA 浸提	有效钼 (Mo mg/kg)	有效硼 (B mg/kg)	有效锰 (Mn mg/kg) 中性乙酸铵— 对苯二酚浸提	有效锌 (Zn mg/kg) DTPA 浸提	有效硫 (P mg/kg， 氯化钙浸提)
2005	空地	0～10	2.14	0.22	0.156	—	14.17	0.14	9.38
2005	空地	10～20	1.98	0.21	0.160	—	15.11	0.13	19.55
2005	空地	0～10	2.20	0.21	0.159	—	12.91	0.13	12.01
2005	空地	10～20	1.78	0.22	0.150	—	15.26	0.13	11.64
2005	空地	0～10	2.46	0.21	0.153	—	12.91	0.10	5.97
2005	空地	10～20	2.23	0.21	0.149	—	12.91	0.15	13.56
2005	空地	0～10	2.49	0.20	0.147	—	12.76	0.14	7.07
2005	空地	10～20	1.86	0.21	0.168	—	14.17	0.14	16.89

表 4 - 99 荒漠辅助观测场（二）土壤速效微量元素

土壤类型：风沙土 母质：风成沙性母质

年份	作物	采样深度 (cm)	有效铁 (Fe mg/kg)	有效铜 (Cu mg/kg)	有效钼 (Mo mg/kg)	有效硼 (B mg/kg)	有效锰 (Mn mg/kg) 中性乙酸铵—对苯二酚浸提	有效锌 (Zn mg/kg)	有效硫 (P mg/kg, 氯化钙浸提)
2005	空地	0～10	2.58	0.24	0.158	—	12.29	0.18	8.96
2005	空地	10～20	2.23	0.28	0.162	—	15.42	0.17	24.85
2005	空地	0～10	2.48	0.23	0.165	—	13.38	0.32	8.85
2005	空地	10～20	2.01	0.26	0.189	—	15.89	0.51	28.57
2005	空地	0～10	2.55	0.24	0.189	—	11.82	0.21	8.36
2005	空地	10～20	1.98	0.19	0.172	—	13.07	0.16	20.00
2005	空地	0～10	2.68	0.29	0.157	—	15.58	0.17	5.52
2005	空地	10～20	1.93	0.24	0.134	—	16.52	0.16	19.05

4.2.6 土壤机械组成

表 4 - 100 绿洲农田综合观测场（常规）土壤机械组成

土壤类型：风沙土 母质：风成沙性母质

年份	作物	采样深度 (cm)	2～0.05mm (%)	0.05～0.002mm (%)	<0.002mm (%)	土壤质地名称	盐酸洗失百分率
2005	棉花	0～10	63.213 2	24.309 8	10.133 4	—	—
2005	棉花	10～20	64.682 2	23.938 7	9.200 1	—	—
2005	棉花	20～40	63.910 5	23.674 6	10.114 7	—	—
2005	棉花	40～60	55.850 3	23.219 8	17.213 7	—	—
2005	棉花	60～80	78.265 5	16.353 6	4.089 9	—	—
2005	棉花	80～100	68.241 3	22.545 1	7.275 7	—	—
2005	棉花	0～10	64.710 2	23.825 4	9.299 5	—	—
2005	棉花	10～20	66.564 8	22.922 1	8.539 0	—	—
2005	棉花	20～40	64.509 8	22.525 1	10.765 1	—	—
2005	棉花	40～60	61.772 2	23.579 1	12.081 3	—	—
2005	棉花	60～80	72.114 5	21.080 0	5.245 1	—	—
2005	棉花	80～100	47.035 1	33.066 7	16.909 2	—	—
2005	棉花	0～10	66.114 4	24.988 9	7.049 4	—	—
2005	棉花	10～20	67.441 6	24.119 8	6.645 8	—	—
2005	棉花	20～40	65.844 5	24.555 0	7.704 1	—	—
2005	棉花	40～60	68.974 9	21.479 8	7.674 9	—	—
2005	棉花	60～80	47.258 6	21.024 5	26.276 4	—	—
2005	棉花	80～100	78.218 7	17.247 2	3.204 4	—	—

表 4 - 101 绿洲农田辅助观测场一（高产）土壤机械组成

土壤类型：风沙土 母质：风成沙性母质

年份	作物	采样深度 (cm)	2～0.05mm (%)	0.05～0.002mm (%)	<0.002mm (%)	土壤质地名称	盐酸洗失百分率
2005	棉花	0～10	69.450 2	21.880 3	6.853 8	—	—
2005	棉花	10～20	69.544 7	22.005 2	6.670 5	—	—
2005	棉花	20～40	86.697 5	13.302 5	0.000 0	—	—
2005	棉花	40～60	68.995 7	23.387 2	5.648 4	—	—
2005	棉花	60～80	70.772 1	21.022 9	6.381 8	—	—
2005	棉花	80～100	59.647 4	23.932 9	13.510 2	—	—
2005	棉花	0～10	63.882 4	22.806 1	10.857 6	—	—

（续）

年份	作物	采样深度 （cm）	2～0.05mm （%）	0.05～0.002mm （%）	<0.002mm （%）	土壤质地 名称	盐酸洗失 百分率
2005	棉花	10～20	63.032 4	24.242 9	10.280 3	—	—
2005	棉花	20～40	67.373 5	22.392 9	7.982 2	—	—
2005	棉花	40～60	78.826 4	16.994 1	2.915 4	—	—
2005	棉花	60～80	68.454 7	22.790 8	6.965 4	—	—
2005	棉花	80～100	70.063 1	22.142 9	6.130 4	—	—
2005	棉花	0～10	67.405 0	23.697 0	7.055 8	—	—
2005	棉花	10～20	69.891 7	22.570 6	5.925 1	—	—
2005	棉花	20～40	72.351 3	21.137 5	5.002 8	—	—
2005	棉花	40～60	63.609 0	22.268 9	11.217 9	—	—
2005	棉花	60～80	44.958 5	28.655 9	22.264 9	—	—
2005	棉花	80～100	59.857 2	25.275 1	11.897 0	—	—

表 4-102　绿洲农田辅助观测场二（对照）土壤机械组成

土壤类型：风沙土　母质：风成沙性母质

年份	作物	采样深度 （cm）	2～0.05mm （%）	0.05～0.002mm （%）	<0.002mm （%）	土壤质地 名称	盐酸洗失 百分率
2005	棉花	0～10	85.086 1	13.273 9	1.640 0	—	—
2005	棉花	10～20	84.916 0	13.494 9	1.589 1	—	—
2005	棉花	20～40	82.926 3	15.181 9	1.891 9	—	—
2005	棉花	40～60	73.749 7	18.476 0	6.310 1	—	—
2005	棉花	60～80	70.361 5	23.159 9	5.006 4	—	—
2005	棉花	80～100	88.627 9	8.394 4	2.429 8	—	—
2005	棉花	0～10	80.544 6	17.184 8	2.270 7	—	—
2005	棉花	10～20	86.178 4	13.821 6	0.000 0	—	—
2005	棉花	20～40	68.136 3	24.721 9	5.547 8	—	—
2005	棉花	40～60	76.518 7	20.000 3	2.503 2	—	—
2005	棉花	60～80	70.757 9	21.206 2	6.384 4	—	—
2005	棉花	80～100	93.824 1	5.073 4	1.102 5	—	—
2005	棉花	0～10	79.501 8	17.912 5	2.585 7	—	—
2005	棉花	10～20	81.893 2	15.892 3	2.214 5	—	—
2005	棉花	20～40	64.542 4	25.653 6	7.970 7	—	—
2005	棉花	40～60	62.304 4	23.961 9	11.386 7	—	—
2005	棉花	60～80	79.512 4	14.514 5	4.711 9	—	—
2005	棉花	80～100	67.788 7	24.615 7	5.918 1	—	—

表 4-103　绿洲农田辅助观测场三（空白）土壤机械组成

土壤类型：风沙土　母质：风成沙性母质

年份	作物	采样深度 （cm）	2～0.05mm （%）	0.05～0.002mm （%）	<0.002mm （%）	土壤质地 名称	盐酸洗失 百分率
2005	空白	0～10	81.153 7	15.112 3	2.532 5	—	—
2005	空白	10～20	72.632 6	20.183 2	5.526 4	—	—
2005	空白	20～40	73.308 5	20.686 6	4.525 8	—	—
2005	空白	40～60	80.625 8	15.186 2	2.930 5	—	—
2005	空白	60～80	77.884 2	17.052 1	3.842 1	—	—
2005	空白	80～100	72.667 7	21.358 8	4.497 6	—	—
2005	空白	0～10	79.506 6	17.176 6	2.108 1	—	—
2005	空白	10～20	73.742 1	20.642 7	4.116 0	—	—

（续）

年份	作物	采样深度 （cm）	2～0.05mm （%）	0.05～0.002mm （%）	<0.002mm （%）	土壤质地 名称	盐酸洗失 百分率
2005	空白	20～40	76.921 6	17.423 5	4.279 7	—	—
2005	空白	40～60	83.189 2	14.786 8	2.024 0	—	—
2005	空白	60～80	73.724 1	20.581 2	4.178 7	—	—
2005	空白	80～100	68.789 8	21.709 0	7.490 5	—	—
2005	空白	0～10	80.786 3	15.867 1	2.127 5	—	—
2005	空白	10～20	75.414 2	18.365 6	4.655 2	—	—
2005	空白	20～40	75.618 2	17.837 2	4.954 3	—	—
2005	空白	40～60	69.413 4	21.522 9	7.102 9	—	—
2005	空白	60～80	66.905 8	23.289 2	7.703 6	—	—
2005	空白	80～100	70.061 5	21.336 1	6.737 2	—	—

表 4-104 荒漠综合观测场土壤机械组成

土壤类型：风沙土 母质：风成沙性母质

年份	作物	采样深度 （cm）	2～0.05mm （%）	0.05～0.002mm （%）	<0.002mm （%）	土壤质地 名称	盐酸洗失 百分率
2005	骆驼刺	0～10	83.20	15.86	0.94	—	—
2005	骆驼刺	10～20	84.23	15.77	0.00	—	—
2005	骆驼刺	20～40	73.57	24.71	1.73	—	—
2005	骆驼刺	40～60	76.15	22.35	1.50	—	—
2005	骆驼刺	60～80	65.09	32.22	2.69	—	—
2005	骆驼刺	80～100	57.29	39.85	2.86	—	—
2005	骆驼刺	0～10	91.11	8.89	0.00	—	—
2005	骆驼刺	10～20	92.23	7.77	0.00	—	—
2005	骆驼刺	20～40	91.19	8.81	0.00	—	—
2005	骆驼刺	40～60	60.16	37.12	2.72	—	—
2005	骆驼刺	60～80	90.91	9.09	0.00	—	—
2005	骆驼刺	80～100	90.57	9.43	0.00	—	—
2005	骆驼刺	0～10	92.59	7.41	0.00	—	—

表 4-105 荒漠辅助观测场（一）土壤机械组成

土壤类型：风沙土 母质：风成沙性母质

年份	作物	采样深度 （cm）	2～0.05mm （%）	0.05～0.002mm （%）	<0.002mm （%）	土壤质地 名称	盐酸洗失 百分率
2005	骆驼刺	0～10	66.04	32.20	1.76	—	—
2005	骆驼刺	10～20	63.77	33.49	2.74	—	—
2005	骆驼刺	20～40	63.98	33.66	2.36	—	—
2005	骆驼刺	40～60	64.68	32.72	2.60	—	—
2005	骆驼刺	60～80	76.11	22.63	1.26	—	—
2005	骆驼刺	80～100	55.10	41.73	3.18	—	—
2005	骆驼刺	0～10	75.30	23.34	1.36	—	—
2005	骆驼刺	10～20	76.21	22.40	1.39	—	—
2005	骆驼刺	20～40	64.32	33.15	2.54	—	—
2005	骆驼刺	40～60	67.02	30.89	2.09	—	—
2005	骆驼刺	60～80	77.07	21.56	1.37	—	—
2005	骆驼刺	80～100	82.40	16.63	0.96	—	—

表 4-106 荒漠辅助观测场（二）土壤机械组成

土壤类型：风沙土 　母质：风成沙性母质

年份	作物	采样深度 (cm)	2~0.05mm (%)	0.05~0.002mm (%)	<0.002mm (%)	土壤质地 名称	盐酸洗失 百分率
2005	骆驼刺	0~10	73.87	24.79	1.33	—	—
2005	骆驼刺	10~20	82.92	16.17	0.91	—	—
2005	骆驼刺	20~40	92.41	7.59	0.00	—	—
2005	骆驼刺	40~60	94.83	5.17	0.00	—	—
2005	骆驼刺	60~80	88.49	11.51	0.00	—	—
2005	骆驼刺	80~100	83.29	15.60	1.11	—	—
2005	骆驼刺	0~10	63.64	34.09	2.27	—	—
2005	骆驼刺	10~20	60.96	36.38	2.65	—	—
2005	骆驼刺	20~40	65.56	32.37	2.07	—	—
2005	骆驼刺	40~60	49.85	46.86	3.29	—	—
2005	骆驼刺	60~80	59.37	38.26	2.37	—	—
2005	骆驼刺	80~100	58.01	39.52	2.48	—	—

4.2.7 土壤容重

表 4-107 绿洲农田综合观测场（常规栽培模式）土壤容重

土壤类型：风沙土 　母质：风成沙性母质

年份	作物	采样深度（cm）	土壤容重平均值（g/cm³）	均方差	备注
2005	棉花	0~10	1.330	0.089	表层
2005	棉花	10~20	1.306	0.062	表层
2005	棉花	0~10	1.287	0.029	剖面
2005	棉花	10~20	1.204	0.06	剖面
2005	棉花	20~40	1.285	0.102	剖面
2005	棉花	40~60	1.315	0.036	剖面
2005	棉花	60~80	1.310	0.03	剖面
2005	棉花	80~100	1.268	0.048	剖面

表 4-108 绿洲农田辅助观测场（高产栽培模式）土壤容重

土壤类型：风沙土 　母质：风成沙性母质

年份	作物	采样深度（cm）	土壤容重平均值（g/cm³）	均方差	备注
2005	棉花	0~10	1.257	0.028	表层
2005	棉花	10~20	1.200	0.073	表层
2005	棉花	0~10	1.300	0.016	剖面
2005	棉花	10~20	1.272	0.054	剖面
2005	棉花	20~40	1.345	0.057	剖面
2005	棉花	40~60	1.364	0.03	剖面
2005	棉花	60~80	1.311	0.053	剖面
2005	棉花	80~100	1.298	0.044	剖面

表 4-109 绿洲农田辅助观测场（不施肥对照）土壤容重

土壤类型：风沙土 　母质：风成沙性母质

年份	作物	采样深度（cm）	土壤容重平均值（g/cm³）	均方差	备注
2005	棉花	0~10	1.358	0.048	表层
2005	棉花	10~20	1.352	0.048	表层
2005	棉花	0~10	1.369	0.017	剖面
2005	棉花	10~20	1.343	0.038	剖面
2005	棉花	20~40	1.415	0.021	剖面
2005	棉花	40~60	1.374	0.078	剖面
2005	棉花	60~80	1.374	0.025	剖面
2005	棉花	80~100	1.406	0.075	剖面

表4-110 绿洲农田辅助观测场（自然空白对照）土壤容重

土壤类型：风沙土 母质：风成沙性母质

年份	作物	采样深度（cm）	土壤容重平均值（g/cm³）	均方差	备注
2005	空白	0~10	1.388	0.026	表层
2005	空白	10~20	1.416	0.029	表层
2005	空白	0~10	1.362	0.013	剖面
2005	空白	10~20	1.342	0.074	剖面
2005	空白	20~40	1.352	0.011	剖面
2005	空白	40~60	1.386	0.098	剖面
2005	空白	60~80	1.339	0.067	剖面
2005	空白	80~100	1.387	0.146	剖面

表4-111 荒漠综合观测场土壤容重

土壤类型：风沙土 母质：风成沙性母质

年份	作物	采样深度（cm）	土壤容重平均值（g/cm³）	均方差	备注
2005	骆驼刺	0~10	1.412	0.105	表层
2005	骆驼刺	10~20	1.431	0.115	表层
2005	骆驼刺	0~20	1.375	—	剖面
2005	骆驼刺	20~40	1.425	—	剖面
2005	骆驼刺	40~60	1.410	—	剖面
2005	骆驼刺	60~80	1.427	—	剖面
2005	骆驼刺	80~100	1.394	—	剖面
2005	骆驼刺	0~16	1.473	—	剖面
2005	骆驼刺	16~24	1.595	—	剖面
2005	骆驼刺	24~31	1.579	—	剖面
2005	骆驼刺	31~100	1.439	—	剖面
2005	骆驼刺	0~12	1.459	—	剖面
2005	骆驼刺	12~36	1.409	—	剖面

表4-112 荒漠辅助观测场（四）土壤容重

土壤类型：风沙土 母质：风成沙性母质

年份	作物	采样深度（cm）	土壤容重平均值（g/cm³）	均方差	备注
2005	骆驼刺	0~10	1.484	0.034	表层
2005	骆驼刺	10~20	1.405	0.038	表层
2005	骆驼刺	0~20	1.388	0.015	剖面
2005	骆驼刺	20~40	1.401	0.03	剖面
2005	骆驼刺	40~60	1.409	0.008	剖面
2005	骆驼刺	60~80	1.399	0.024	剖面
2005	骆驼刺	80~100	1.395	0.069	剖面

表4-113 荒漠辅助观测场（五）土壤容重

土壤类型：风沙土 母质：风成沙性母质

年份	作物	采样深度（cm）	土壤容重平均值（g/cm³）	均方差	备注
2005	骆驼刺	0~10	1.390	0.088	表层
2005	骆驼刺	10~20	1.376	0.057	表层
2005	骆驼刺	0~10	1.363	0.001	剖面
2005	骆驼刺	10~20	1.459	0.153	剖面
2005	骆驼刺	20~40	1.395	0.14	剖面
2005	骆驼刺	40~60	1.416	0.143	剖面
2005	骆驼刺	60~80	1.383	0.138	剖面
2005	骆驼刺	80~100	1.353	0.103	剖面

4.2.8　长期采样地空间变异调查

表 4 – 114　综合观测场长期采样地空间变异调查

项　　目	绿洲农田（常规）	绿洲农田（高产）	绿洲农田（对照）	绿洲农田（空白）	荒漠综合
植被（作物）	棉花	棉花	平整空地	平整空地	自然荒地
采样深度（cm）	0～20	0～20	0～20	0～20	0～20
土壤有机质（g/kg）	0.339	0.64	0.27	0.24	0.208
全氮（N g/kg）	—	—	—	—	—
全磷（P g/kg）	—	—	—	—	—
全钾（K g/kg）	—	—	—	—	—
速效氮（碱解氮（N mg/kg））	18.169	28.58	21.13	28.36	20.915
有效磷（P mg/kg）	5.924	18.56	3.69	3.18	2.219
速效钾（K mg/kg）	89.265	104.78	116.61	114.88	100.469
缓效钾（K mg/kg）	—	—	—	—	—
水溶液提 pH 值	8.673	8.42	8.68	8.46	8.247
KCl 盐提 pH 值	—	—	—	—	—
交换性钙离子（mmol/kg（1/2Ca2+））	—	—	—	—	—
交换性镁离子（mmol/kg（1/2 Mg2+））	—	—	—	—	—
交换性钾离子（mmol/kg（K+））	—	—	—	—	—
交换性钠离子（mmol/kg（Na+））	—	—	—	—	—
阳离子交换量（mmol/kg（+））	—	—	—	—	—

4.2.9　土壤理化分析方法

表 4 – 115　土壤理化分析方法

分析项目名称	分析方法名称
有机质	重铬酸钾氧化—外加热法
水解性氮（N）	全自动定氮仪
有效磷（P）	碳酸氢钠浸提—钼锑抗比色法
速效钾（K）	乙酸铵浸提—/原子吸收光谱法
缓效钾（K）	硝酸煮沸浸提—/原子吸收光谱法
全氮（N）	全自动定氮仪
有机质	重铬酸钾氧化—外加热法
水解性氮（N）	全自动定氮仪
有效磷（P）	碳酸氢钠浸提—钼锑抗比色法
速效钾（K）	乙酸铵浸提—/原子吸收光谱法
缓效钾（K）	乙酸铵浸提—火焰光度法
全氮（N）	全自动定氮仪
有效磷（P）	碳酸氢钠浸提—钼锑抗比色法
速效钾（K）	乙酸铵浸提—/原子吸收光谱法
缓效钾（K）	乙酸铵浸提—火焰光度法
有机质	重铬酸钾氧化—外加热法
水解性氮（N）	全自动定氮仪
全氮（N）	全自动定氮仪

说明：出原始记录

4.3 水分监测数据

4.3.1 土壤含水量

表 4－116 气象综合观测场土壤含水量（％）

年份	月份	10cm	20cm	30cm	40cm	50cm	60cm	80cm	100cm	120cm	140cm	160cm	180cm	200cm
2005	1	1.5	2.3	3.0	3.8	4.7	5.5	6.2	7.1	7.1	7.2	8.9	10.3	9.4
2005	2	3.0	5.2	7.2	9.3	11.4	13.4	16.8	20.5	23.2	26.2	30.8	34.5	36.6
2005	3	1.6	2.5	3.2	4.1	4.9	5.5	6.2	7.2	7.0	7.1	8.8	10.3	9.3
2005	4	3.7	3.2	3.2	3.5	4.3	5.1	5.7	6.7	6.8	7.2	8.4	9.7	9.1
2005	5	2.9	3.7	3.8	4.4	4.9	5.7	6.1	7.0	6.9	7.1	8.8	10.0	9.1
2005	6	2.9	8.2	3.6	5.0	4.5	5.2	9.4	6.8	7.1	6.7	8.3	9.8	9.2
2005	7	6.0	7.4	8.7	9.9	10.1	9.6	6.8	5.5	5.9	5.8	6.8	8.2	7.3
2005	8	2.4	3.6	4.7	6.0	7.3	7.9	7.3	6.4	5.8	5.9	7.2	8.2	7.5
2005	9	1.7	2.7	3.8	4.9	6.1	6.6	6.6	6.2	5.6	5.8	7.0	7.8	7.0
2005	10	1.5	2.4	3.4	4.3	5.4	6.1	6.3	6.1	5.6	5.6	6.6	7.6	6.5
2005	11	1.6	2.6	3.6	4.7	5.6	6.0	6.1	6.1	5.6	5.7	6.9	7.5	6.4
2005	12	1.7	2.7	3.7	4.7	5.6	6.0	6.0	6.1	5.7	5.7	6.8	7.5	6.5
2006	1	3.1	4.3	5.3	6.4	7.1	7.4	7.4	7.6	7.1	7.1	8.3	8.9	7.8
2006	2	3.3	4.1	5.1	6.3	7.0	7.2	7.3	7.5	7.1	7.1	8.1	8.9	7.9
2006	3	3.2	4.2	5.1	6.2	7.0	7.1	7.3	7.5	7.1	7.3	8.2	8.9	7.8
2006	4	2.9	4.0	5.0	6.0	7.4	7.2	7.3	7.6	7.3	7.1	8.3	8.9	7.8
2006	5	2.9	3.8	4.8	5.8	6.7	7.0	7.1	7.4	7.1	7.1	8.2	8.6	7.6
2006	6	2.7	3.6	4.4	5.5	6.4	6.9	7.0	7.2	6.9	6.8	7.7	8.2	7.4
2006	7	2.9	3.6	4.3	5.3	6.2	6.7	6.9	7.1	6.8	6.7	7.7	7.9	7.1
2006	8	2.7	3.5	4.2	5.2	6.0	6.5	6.7	6.9	6.6	6.6	7.5	7.8	6.9
2006	9	2.7	3.5	4.2	5.1	5.8	6.4	6.7	7.0	6.7	6.7	7.7	7.8	7.0
2006	10	2.6	3.3	4.0	5.0	5.8	6.2	6.6	6.9	6.6	6.7	7.6	7.8	7.1
2006	11	2.6	3.4	4.2	5.0	5.8	6.2	6.6	7.0	6.7	6.8	7.6	7.8	7.1
2006	12	2.7	3.5	4.4	5.3	5.9	6.3	6.6	6.9	6.7	6.8	7.6	7.9	7.1

表 4－117 气象综合观测场储水量

单位：mm

年份	月份	0～20cm平均储水量	0～200cm平均储水量
2005	1	7.429 1	141.816 8
2005	2	7.407 2	141.087 1
2005	3	7.340 6	140.940 6
2005	4	6.978 2	140.848 2
2005	5	6.628 5	137.080 3
2005	6	6.230 0	132.120 4
2005	7	6.486 0	129.238 0
2005	8	6.189 9	126.133 2
2005	9	6.216 1	126.958 4
2005	10	5.928 3	125.266 4
2005	11	6.002 0	126.376 1
2005	12	6.250 4	127.389 0
2006	1	3.664 1	132.626 7
2006	2	22.223 7	154.740 7
2006	3	4.106 6	133.845 0
2006	4	6.920 4	130.055 2
2006	5	6.619 8	135.474 0
2006	6	10.653 4	133.260 8
2006	7	13.411 2	137.321 5
2006	8	5.918 5	128.560 0
2006	9	4.382 2	117.781 3
2006	10	3.881 2	111.678 3
2006	11	4.198 5	112.920 8
2006	12	4.415 6	112.813 3

表 4-118　绿洲农田综合观测场（常规栽培模式）含水量 A

单位：%

年份	月份	10cm	20cm	30cm	40cm	50cm	60cm	80 cm	100cm	120cm	140cm	160cm	180cm	200cm
2005	1	1.3	2.0	2.7	3.5	5.2	6.9	8.7	8.6	8.5	8.6	9.4	10.1	11.9
2005	2	1.3	2.2	3.1	4.0	5.4	7.2	9.5	8.3	8.2	8.7	9.2	9.9	11.8
2005	3	1.2	2.1	2.9	3.9	5.4	7.1	9.7	8.2	8.2	8.6	9.1	9.8	11.6
2005	4	3.9	6.2	8.4	10.2	14.5	18.6	21.3	18.6	19.2	18.7	18.7	18.5	19.0
2005	5	3.2	5.0	6.3	8.0	10.3	13.2	15.8	13.5	12.4	13.9	14.8	15.8	18.2
2005	6	2.7	7.0	8.6	13.2	19.0	19.9	26.7	19.7	18.4	19.8	20.6	20.7	20.5
2005	7	9.0	10.6	12.8	14.3	15.8	19.2	21.0	18.6	17.9	16.7	17.5	18.9	21.5
2005	8	4.4	7.5	9.4	11.2	15.0	18.6	22.8	19.7	19.4	21.1	21.7	22.1	24.7
2005	9	2.0	3.6	5.3	6.6	9.0	12.0	16.1	13.0	12.4	13.8	14.9	16.1	19.2
2005	10	1.3	2.4	3.5	4.3	5.8	8.2	11.9	10.0	9.7	10.3	10.9	11.6	14.2
2005	11	1.5	2.6	3.8	5.0	6.5	9.3	10.5	9.5	9.0	9.8	10.3	11.3	13.2
2005	12	1.3	2.4	3.5	4.8	6.2	8.5	11.1	9.3	9.0	9.3	9.9	10.8	12.7
2006	1	2.7	3.9	5.3	6.5	7.9	10.2	12.5	10.7	10.2	10.7	11.3	12.1	14.2
2006	2	2.8	4.1	5.2	6.6	7.9	9.9	12.4	10.5	10.1	10.7	11.1	11.8	14.0
2006	3	2.9	4.1	5.4	6.5	7.9	10.2	12.2	10.4	10.0	10.5	11.1	11.7	13.7
2006	4	5.7	7.8	9.5	11.8	15.3	18.9	21.7	18.4	17.8	18.3	19.0	19.5	21.7
2006	5	4.4	6.1	7.8	9.8	12.1	16.1	16.9	14.7	13.7	14.8	15.6	16.7	18.8
2006	6	5.8	7.5	8.9	11.8	15.4	19.1	21.8	19.8	19.8	21.6	22.4	23.5	26.7
2006	7	6.6	9.1	10.6	12.8	15.9	19.7	22.0	20.5	20.6	23.7	25.3	26.7	30.8
2006	8	6.0	9.2	11.1	13.6	17.3	20.9	20.8	19.4	18.7	21.1	22.4	23.7	27.1
2006	9	3.9	5.8	7.2	9.0	11.6	14.8	16.5	15.1	14.1	15.8	16.7	17.9	20.7
2006	10	2.8	3.8	4.9	6.1	7.8	10.7	12.5	11.1	10.7	11.8	12.6	13.4	15.6
2006	11	2.8	3.8	4.8	6.2	7.8	10.7	11.5	10.5	10.2	11.1	11.5	12.7	14.3
2006	12	2.8	3.9	5.0	6.4	8.0	10.6	11.6	10.5	10.0	10.9	11.3	12.2	14.1

表 4-119　绿洲农田综合观测场（常规栽培模式）储水量 B

单位：mm

年份	月份	0～20cm 平均储水量	0～200cm 平均储水量
2005	1	6.618 7	200.039 9
2005	2	6.858 7	197.667 0
2005	3	7.035 6	196.320 4
2005	4	13.542 3	341.960 5
2005	5	10.507 2	278.620 9
2005	6	13.299 3	380.090 0
2005	7	15.623 0	413.706 3
2005	8	15.204 8	384.334 7
2005	9	9.703 0	285.775 3
2005	10	6.693 6	211.400 3
2005	11	6.633 4	199.783 8
2005	12	6.725 5	197.881 3
2006	1	3.121 4	152.565 2
2006	2	3.313 4	153.548 8
2006	3	3.246 6	152.906 7
2006	4	10.109 9	330.000 0
2006	5	8.197 9	252.499 6
2006	6	9.700 8	363.305 8
2006	7	19.582 1	311.785 2
2006	8	11.871 6	368.866 7
2006	9	5.651 3	249.502 8
2006	10	3.664 1	182.597 5
2006	11	4.123 3	175.935 0
2006	12	3.705 9	170.750 8

表 4-120 绿洲农田辅助观测场（高产栽培模式）土壤含水量

单位：%

年份	月份	10cm	20cm	30cm	40cm	50cm	60cm	80cm	100cm	120cm	140cm	160cm	180cm	200cm
2005	1	0.9	1.7	2.6	3.2	4.1	5.2	7.9	8.7	8.1	8.1	8.2	10.2	9.4
2005	2	1.8	2.7	3.4	4.6	5.9	7.0	8.8	8.2	8.2	8.0	8.8	10.3	8.9
2005	3	1.7	2.5	3.4	4.3	5.7	6.9	8.8	8.0	8.2	8.0	8.5	10.7	8.7
2005	4	8.1	9.0	9.4	10.2	11.1	11.7	10.4	9.4	9.3	8.2	9.0	9.5	9.0
2005	5	6.6	7.8	8.3	9.7	11.9	13.3	14.9	11.6	9.8	8.4	9.0	9.9	8.6
2005	6	6.5	14.7	14.8	17.5	25.0	26.8	26.5	26.3	30.7	28.6	23.2	22.7	14.0
2005	7	8.0	9.1	9.6	11.1	12.9	15.1	17.6	16.4	17.9	16.8	16.9	17.8	16.0
2005	8	7.1	8.8	9.6	10.8	14.2	16.7	20.7	18.1	19.3	19.1	18.6	20.5	15.4
2005	9	3.1	4.5	5.5	6.5	8.5	10.3	13.1	12.3	14.1	14.7	14.8	17.9	13.9
2005	10	2.0	3.1	3.7	4.2	5.0	5.7	7.0	7.6	8.6	9.5	10.4	13.6	10.5
2005	11	2.5	3.4	4.1	4.8	5.5	6.0	7.3	7.7	8.7	9.0	10.3	11.5	10.3
2005	12	2.0	3.1	3.9	4.5	5.4	6.0	7.3	7.6	8.4	8.7	9.3	12.1	9.6
2006	1	4.7	5.6	6.4	7.3	7.6	8.9	9.1	9.9	10.0	10.7	13.4	10.8	3.7
2006	2	5.2	6.1	7.0	7.8	8.4	9.2	9.3	10.2	10.7	9.3	12.5	6.3	4.3
2006	3	5.8	5.9	6.5	7.4	7.9	9.1	9.1	9.9	9.9	10.5	12.0	10.4	4.9
2006	4	9.9	9.6	9.5	10.2	10.6	11.7	10.0	10.0	9.8	10.7	12.0	10.5	9.1
2006	5	7.9	8.5	9.5	10.8	11.6	13.2	11.4	11.3	10.4	10.9	11.9	10.3	6.8
2006	6	10.8	11.1	13.2	16.8	19.0	22.9	20.0	21.5	20.2	18.6	19.7	15.0	9.9
2006	7	9.0	10.4	13.2	16.1	18.4	21.4	19.6	22.3	21.8	21.7	21.7	18.9	8.1
2006	8	9.9	11.1	13.1	16.6	19.1	23.6	21.2	24.4	23.8	24.2	24.1	20.1	8.5
2006	9	6.5	7.5	8.8	10.4	11.8	14.1	13.7	15.7	15.4	16.2	15.9	14.5	5.4
2006	10	4.9	5.3	5.8	6.7	7.5	8.7	9.0	10.3	11.0	12.2	12.9	11.4	3.9
2006	11	4.8	5.2	5.9	6.7	7.3	8.2	8.5	9.4	10.0	11.3	12.1	11.1	4.0
2006	12	4.9	5.5	6.2	6.9	7.5	8.3	8.4	9.2	9.7	10.8	11.5	10.6	4.1

表 4-121 绿洲农田辅助观测场（高产栽培模式）土壤含水量

单位：mm

年份	月份	0～20cm平均储水量	0～200cm平均储水量
2005	1	8.351 2	178.961 6
2005	2	8.677 6	180.477 4
2005	3	10.750 3	180.381 9
2005	4	19.044 5	208.279 7
2005	5	14.793 3	213.883 9
2005	6	20.704 4	356.421 2
2005	7	17.127 3	370.228 7
2005	8	18.355 0	401.226 9
2005	9	11.855 2	261.038 1
2005	10	8.784 5	185.167 6
2005	11	8.738 9	175.299 0
2005	12	8.925 4	172.288 2
2006	1	2.703 9	139.631 6
2006	2	4.532 5	148.389 0
2006	3	4.231 9	146.370 8
2006	4	17.156 9	191.798 6
2006	5	14.376 5	201.785 4
2006	6	21.206 4	448.019 2
2006	7	17.045 3	286.085 8
2006	8	15.971 2	330.660 0
2006	9	7.621 8	240.084 5
2006	10	5.058 5	155.245 0
2006	11	5.985 3	149.644 2
2006	12	5.108 6	142.664 2

表 4-122 绿洲农田辅助观测场（不施肥对照）土壤含水量 A

单位：%

年份	月份	10cm	20cm	30cm	40cm	50cm	60cm	80 m	100m	120cm	140cm	160cm	180cm	200cm
2005	1	0.7	1.1	1.7	2.1	2.5	2.8	3.2	3.5	3.6	3.6	4.1	4.6	4.5
2005	2	1.0	1.6	2.0	2.5	2.8	3.1	3.4	3.6	3.6	3.7	4.4	4.4	4.4
2005	3	0.9	1.5	1.9	2.4	2.9	3.0	3.3	3.7	3.5	3.8	4.5	4.5	4.4
2005	4	5.0	7.1	8.3	10.3	11.7	12.2	12.5	11.0	9.7	10.1	11.7	9.1	7.5
2005	5	3.2	5.2	6.7	8.6	10.1	10.7	12.8	14.6	14.5	14.0	16.8	15.7	12.2
2005	6	7.6	6.2	8.0	9.8	11.9	12.6	13.5	15.2	15.6	15.3	16.2	20.6	18.0
2005	7	6.3	7.3	9.3	9.7	11.7	13.0	13.2	15.0	14.8	14.9	17.2	17.2	16.4
2005	8	4.4	6.8	7.6	8.9	10.9	11.7	12.5	13.5	14.7	15.2	16.9	21.3	21.0
2005	9	1.9	3.2	4.2	5.0	6.1	7.0	7.9	9.1	9.8	10.0	12.5	16.3	17.1
2005	10	1.5	2.3	3.0	3.6	4.0	4.6	6.3	7.3	7.6	7.4	10.0	12.5	14.1
2005	11	1.6	2.5	3.2	3.8	4.4	4.9	6.6	7.3	7.2	7.0	11.0	11.7	12.7
2005	12	1.3	2.2	3.1	3.7	4.4	4.8	6.1	7.2	7.1	7.0	9.7	12.3	12.9
2006	1	2.9	3.9	4.7	5.4	6.0	6.4	7.7	8.7	8.7	8.5	11.6	13.3	14.0
2006	2	3.0	4.0	4.7	5.4	6.0	6.4	7.8	8.7	8.6	8.4	11.5	13.3	13.8
2006	3	3.0	4.0	4.7	5.4	5.9	6.4	7.9	8.7	8.9	8.8	11.8	13.0	13.4
2006	4	7.5	8.6	8.8	10.1	10.2	10.3	12.3	12.6	12.8	11.8	15.1	15.4	15.2
2006	5	4.8	6.4	7.3	8.8	10.2	10.4	11.9	13.4	13.3	11.8	15.1	15.8	16.8
2006	6	5.8	7.8	9.0	11.2	14.2	15.1	16.5	18.4	18.8	17.5	20.3	21.4	20.8
2006	7	5.4	6.9	8.3	10.6	13.0	13.9	16.0	17.5	18.1	17.6	21.7	22.7	22.2
2006	8	5.8	7.1	8.3	10.5	13.1	14.5	16.1	17.2	17.4	16.6	20.2	20.7	20.2
2006	9	3.8	5.2	6.3	7.7	9.4	10.0	12.0	13.1	13.5	13.3	18.3	18.0	18.0
2006	10	3.1	4.2	5.0	6.0	6.8	7.5	8.8	9.5	9.8	9.8	13.8	14.3	14.8
2006	11	3.3	4.3	5.2	6.0	6.8	7.3	8.6	9.0	9.1	9.3	13.4	13.9	13.8
2006	12	3.3	4.3	5.2	6.3	6.8	7.4	8.6	9.1	9.1	9.2	12.9	13.3	13.5

表 4-123 绿洲农田辅助观测场（不施肥对照）储水量 B

单位：mm

年份	月份	0～20cm平均储水量	0～200cm平均储水量
2005	1	6.764 0	173.216 2
2005	2	7.011 1	173.881 8
2005	3	7.026 3	174.446 4
2005	4	16.117 3	245.724 8
2005	5	11.193 8	244.066 1
2005	6	13.609 5	330.422 4
2005	7	12.277 5	329.716 3
2005	8	12.868 1	315.780 9
2005	9	9.006 1	254.706 8
2005	10	7.297 9	193.984 2
2005	11	7.545 2	186.904 3
2005	12	7.540 9	184.662 0
2006	1	1.852 3	65.347 5
2006	2	2.545 3	67.941 9
2006	3	2.378 3	67.834 8
2006	4	12.047 0	199.305 8
2006	5	8.423 3	244.835 5
2006	6	9.951 3	280.845 8
2006	7	13.610 7	251.976 5
2006	8	11.212 0	280.628 3
2006	9	5.116 9	193.010 2
2006	10	3.797 7	147.747 5
2006	11	4.115 0	143.858 3
2006	12	3.538 9	135.656 7

表 4 – 124 绿洲农田辅助观测场（自然空白对照）含水量 A

单位:%

年份	月份	10cm	20cm	30cm	40cm	50cm	60cm	80cm	100cm	120cm	140cm	160cm	180cm	200cm
2005	1	1.2	1.9	2.7	3.7	4.9	6.0	6.7	7.3	7.5	8.1	8.3	7.5	7.0
2005	2	1.6	2.5	3.3	4.4	5.6	6.3	6.8	7.4	7.7	8.1	7.8	7.1	7.1
2005	3	1.5	2.4	3.2	4.3	5.5	6.4	6.8	7.3	7.6	8.0	7.7	7.0	7.1
2005	4	2.6	3.4	3.3	3.8	5.0	5.8	6.3	7.0	7.4	7.6	7.6	7.0	6.9
2005	5	2.3	3.5	3.9	4.5	5.6	6.1	6.5	7.0	7.3	7.5	7.3	6.7	6.8
2005	6	4.2	2.6	3.4	3.6	4.9	5.4	5.7	6.2	6.9	6.7	6.4	6.4	6.6
2005	7	2.4	3.1	3.7	4.9	5.5	5.7	6.4	6.7	6.3	6.9	6.9	7.7	7.5
2005	8	1.7	2.6	3.1	3.6	4.3	4.7	4.8	5.1	5.3	5.3	5.2	5.7	6.0
2005	9	1.1	2.0	2.6	3.1	3.9	4.5	4.5	4.9	5.1	5.2	5.2	5.6	6.0
2005	10	1.1	1.8	2.5	3.2	3.9	4.3	4.2	4.6	5.1	5.3	5.2	5.5	5.9
2005	11	1.3	2.0	2.8	3.4	4.1	4.3	4.4	4.6	5.1	5.4	5.3	5.5	5.9
2005	12	1.2	1.9	2.6	3.3	4.0	4.3	4.3	4.6	5.1	5.3	5.4	5.6	5.9
2006	1	2.6	3.4	4.1	4.9	5.5	5.7	5.8	6.1	6.2	6.8	6.8	6.8	7.2
2006	2	2.8	3.4	4.2	4.8	5.5	5.7	5.8	6.2	6.6	6.7	6.8	7.0	7.1
2006	3	2.8	3.5	4.2	4.6	5.3	5.5	5.4	5.7	5.9	6.0	6.3	6.5	6.5
2006	4	2.6	3.2	4.0	4.7	5.4	5.7	6.4	6.2	6.4	7.0	6.4	6.9	6.8
2006	5	2.6	3.1	3.9	4.7	5.3	5.5	5.7	5.8	6.1	6.1	6.5	6.7	6.9
2006	6	2.4	2.9	3.5	4.3	5.0	5.3	5.6	5.7	5.9	6.1	6.2	6.6	6.8
2006	7	2.5	3.0	3.6	4.2	4.8	5.2	5.4	5.5	5.7	5.8	6.0	6.5	6.4
2006	8	2.5	3.0	3.5	4.2	4.7	5.1	5.3	5.4	5.5	5.5	5.8	6.1	5.9
2006	9	2.4	3.0	3.4	4.0	4.5	4.9	5.2	5.3	5.3	5.4	5.7	5.9	5.7
2006	10	2.4	2.9	3.4	3.9	4.4	4.7	5.0	5.2	5.3	5.4	5.5	5.8	5.6
2006	11	2.6	4.5	3.5	4.1	4.5	4.8	5.1	5.2	5.4	5.4	5.7	5.7	5.6
2006	12	2.5	3.1	3.6	4.2	4.7	4.9	5.1	5.3	5.3	5.4	5.7	5.8	5.6

表 4 – 125 绿洲农田辅助观测场（自然空白对照）储水量 B

单位: mm

年份	月份	0～20cm平均储水量	0～200cm平均储水量
2005	1	5.995 5	117.076 1
2005	2	6.208 5	118.867 1
2005	3	6.316 5	110.234 5
2005	4	5.796 4	117.729 4
2005	5	5.754 4	112.746 2
2005	6	5.311 3	109.375 6
2005	7	5.552 6	106.048 1
2005	8	5.522 0	101.879 4
2005	9	5.356 1	99.273 8
2005	10	5.326 9	97.470 0
2005	11	7.048 4	100.348 2
2005	12	5.663 8	99.667 5
2006	1	3.004 5	125.346 6
2006	2	3.831 1	127.506 9
2006	3	3.906 3	126.315 2
2006	4	5.993 6	123.450 5
2006	5	5.860 0	123.350 4
2006	6	6.778 5	113.865 0
2006	7	5.461 5	117.251 8
2006	8	4.173 4	94.627 5
2006	9	3.113 1	90.461 9
2006	10	2.946 1	88.235 8
2006	11	3.346 8	89.385 8
2006	12	3.171 5	88.542 5

表 4-126　荒漠综合观测场土壤含水量

单位：%

年份	月份	10cm	20cm	30cm	40cm	50cm	60cm	80cm	100cm	120cm	140cm	160cm	180cm	200cm
2005	1	0.8	1.4	2.0	2.5	2.9	3.0	3.5	3.9	3.8	3.9	4.0	4.2	4.6
2005	2	1.3	2.0	2.4	2.8	3.1	3.4	3.8	4.1	3.8	4.0	4.2	4.4	3.5
2005	3	0.9	1.5	2.1	2.7	3.0	3.3	3.8	4.3	3.8	4.0	4.1	4.2	4.8
2005	4	9.7	3.7	3.5	3.1	3.0	3.2	3.9	4.1	3.9	3.9	4.1	4.3	4.9
2005	5	1.7	2.8	3.3	3.4	3.4	3.4	4.0	4.3	3.9	4.0	4.1	4.3	4.9
2005	6	7.0	3.5	2.5	3.0	3.4	4.5	6.0	8.0	8.6	3.7	3.5	5.9	4.6
2005	7	1.8	2.7	3.5	4.1	4.8	5.0	5.5	5.9	5.4	5.3	5.6	5.4	5.9
2005	8	1.2	2.1	3.0	3.7	4.3	4.4	4.9	5.7	4.9	4.9	5.1	5.6	6.2
2005	9	0.8	1.5	2.4	3.4	4.1	4.3	4.7	5.6	4.8	4.9	5.0	5.4	6.1
2005	10	0.8	1.5	2.4	3.3	4.1	4.3	4.6	5.5	4.8	4.8	5.0	5.4	6.0
2005	11	0.9	1.6	2.4	3.4	4.0	4.3	4.7	5.4	4.7	4.8	5.0	5.5	6.1
2005	12	1.1	1.5	2.4	3.3	4.0	4.2	4.6	5.3	4.7	4.8	5.0	5.4	6.0
2006	1	2.3	3.0	4.0	4.8	5.4	5.6	6.0	6.7	6.0	6.1	6.4	6.8	7.4
2006	2	2.5	3.3	4.1	4.9	5.2	5.5	6.1	6.6	5.9	6.1	6.3	6.9	7.5
2006	3	2.5	3.3	4.2	4.9	5.4	5.6	6.1	6.6	6.0	6.2	6.3	6.9	7.4
2006	4	2.3	2.9	3.8	4.6	5.2	5.5	6.0	6.7	6.0	6.2	6.3	6.9	7.4
2006	5	2.3	2.9	3.6	4.4	5.0	5.4	6.0	6.7	6.0	6.0	6.3	6.8	7.3
2006	6	2.1	2.6	3.4	4.2	4.8	5.2	5.8	6.3	5.9	6.0	6.3	6.7	7.2
2006	7	2.1	2.6	3.2	3.9	4.5	4.9	5.5	6.0	5.7	6.0	6.3	6.5	7.1
2006	8	2.1	2.7	3.3	3.9	4.5	4.8	5.3	5.8	5.7	6.1	6.2	6.4	6.9
2006	9	2.1	2.6	3.2	3.8	4.3	4.6	5.1	5.6	5.6	6.0	6.1	6.2	6.7
2006	10	2.1	2.6	3.2	3.8	4.3	4.6	5.6	5.5	5.6	6.0	6.0	6.6	6.6
2006	11	2.1	2.6	3.2	3.8	4.2	4.6	5.0	5.5	5.6	5.9	6.0	6.2	6.6
2006	12	2.2	2.8	3.4	3.9	4.4	4.7	5.3	5.5	5.6	5.9	6.0	6.3	6.7
2006	1	2.3	3.0	4.0	4.8	5.4	5.6	6.0	6.7	6.0	6.1	6.4	6.8	7.4

表 4-127　荒漠综合观测场储水量

单位：mm

年份	月份	0～20cm平均储水量	0～200cm平均储水量
2005	1	5.321 5	115.717 8
2005	2	5.853 6	116.260 8
2005	3	5.873 8	117.113 3
2005	4	5.195 5	115.433 7
2005	5	5.219 1	113.845 7
2005	6	4.698 4	110.940 1
2005	7	4.659 4	107.408 3
2005	8	4.838 6	106.087 6
2005	9	4.694 0	103.243 5
2005	10	4.719 0	104.466 7
2005	11	4.744 3	102.273 6
2005	12	5.013	104.123 5
2006	1	2.254 7	68.125 4
2006	2	3.243 3	70.606 7
2006	3	2.388 3	71.268 1
2006	4	13.429 7	83.531 1
2006	5	4.492 4	76.797 4
2006	6	10.498 0	102.409 3
2006	7	3.178 9	101.001 9
2006	8	3.263 3	93.530 7
2006	9	2.368 3	89.436 5
2006	10	2.274 8	87.820 0
2006	11	2.521 9	87.342 7
2006	12	2.622 1	86.294 0

4.3.2 地表水地下水水质状况

表4-128 策勒河水质状况

单位：mg/L

日 期	pH值	钙离子含量	镁离子含量	钾离子含量	钠离子含量	碳酸根离子含量	重碳酸根离子含量	氯化物	硫酸根离子	磷酸根离子	硝酸根	矿化度	总氮	总磷
2005-04-30	8.15	95.12	61.74	108.69	155.31	未检出	113.13	258.79	322.36	未检出	9.07	1 080.12	0.92	13.16
2005-07-30	7.98	61.52	43.17	7.50	64.11	未检出	147.58	91.24	363.30	未检出	95.34	670.32	3.66	0.02
2005-10-30	8.15	89.79	47.54	4.32	137.60	未检出	191.50	182.98	271.42	未检出	1.77	1 025.43	2.97	0.04
2006-01-30	7.53	91.01	43.83	19.70	117.42	未检出	206.26	165.13	264.18	未检出	30.70	1 010.00	3.15	0.04
2006-04-30	8.00	86.22	55.52	19.63	131.83	未检出	169.24	403.89	375.99	未检出	未检出	1 270.00	2.80	0.03
2006-07-30	8.15	38.32	5.84	5.42	64.36	未检出	84.62	55.57	153.29	未检出	未检出	500.00	3.01	0.37
2006-10-30	7.70	176.79	41.04	12.23	113.78	未检出	95.42	199.11	284.45	未检出	未检出	1 750.00	0.82	0.02

表4-129 策勒达玛沟水库水质状况

单位：mg/L

日 期	pH值	钙离子含量	镁离子含量	钾离子含量	钠离子含量	碳酸根离子含量	重碳酸根离子含量	氯化物	硫酸根离子	磷酸根离子	硝酸根	矿化度	总氮	总磷
2005-04-30	8.56	53.66	17.85	83.00	62.54	未检出	56.44	122.91	100.89	未检出	4.35	465.56	0.69	13.11
2005-07-30	8.44	44.00	22.14	20.81	78.81	未检出	79.33	156.62	278.25	未检出	未检出	535.33	3.20	0.02
2005-10-30	8.85	35.05	25.22	4.01	82.13	未检出	41.81	131.65	104.69	未检出	0.36	465.55	2.74	0.04
2006-01-30	7.87	91.01	46.75	19.70	331.76	未检出	197.60	354.95	469.15	未检出	46.53	1 610.00	3.15	0.04
2006-04-30	7.74	93.41	48.21	20.73	317.15	未检出	232.70	406.13	419.58	未检出	未检出	1 600.00	2.80	0.03
2006-07-30	8.20	79.04	24.84	28.00	655.13	未检出	158.66	270.91	413.78	未检出	未检出	1 720.00	3.01	0.01
2006-10-30	7.49	78.00	27.88	12.75	30.52	未检出	128.61	280.64	507.19	未检出	未检出	810.00	0.82	0.02

表4-130 策勒站灌溉水井水质状况

单位：mg/L

日 期	pH值	钙离子含量	镁离子含量	钾离子含量	钠离子含量	碳酸根离子含量	重碳酸根离子含量	氯化物	硫酸根离子	磷酸根离子	硝酸根	矿化度	总氮	总磷
2005-04-30	7.52	102.44	72.91	105.65	180.00	未检出	124.54	255.05	348.71	未检出	27.48	1 260.13	0.46	0.02
2005-07-30	7.53	78.67	55.10	14.17	205.48	未检出	168.11	260.32	399.81	231.00	20.54	1 265.56	2.29	0.02
2005-10-30	7.33	117.74	62.45	8.31	235.69	未检出	299.22	265.86	365.17	未检出	5.61	1 465.13	0.46	0.02
2006-01-30	7.55	119.75	52.59	20.73	215.84	未检出	306.74	318.31	350.61	未检出	62.46	1 490.00	3.38	0.03
2006-04-30	7.92	100.59	52.59	21.17	198.35	未检出	259.15	268.43	357.39	未检出	6.23	1 390.00	2.80	0.03
2006-07-30	7.90	86.22	46.75	19.77	703.19	未检出	179.82	257.01	326.64	未检出	24.03	1 700.00	2.53	0.04
2006-10-30	7.83	155.99	57.96	15.01	154.22	未检出	124.46	191.45	299.68	未检出	14.37	2 440.00	1.34	0.01

表4-131 绿洲农田观测井水质状况

单位：mg/L

日 期	pH值	钙离子含量	镁离子含量	钾离子含量	钠离子含量	碳酸根离子含量	重碳酸根离子含量	氯化物	硫酸根离子	磷酸根离子	硝酸根	矿化度	总氮	总磷
2005-04-30	7.8	119.51	58.03	255.66	310.11	未检出	208.14	446.68	467.14	未检出	24.56	1 650.38	0.23	0.27
2005-07-30	7.61	171.59	104.51	34.17	380.52	未检出	242.60	96.36	1 022.12	27.00	131.33	2 220.56	4.11	0.02
2005-10-30	7.7	127.32	84.34	26.35	490.33	未检出	277.23	371.12	582.21	未检出	2.81	2 365.11	2.97	0.02
2006-01-30	7.79	129.33	87.66	51.64	398.65	未检出	300.40	604.47	560.37	未检出	1.64	2 300.00	3.03	0.03
2006-04-30	7.90	126.94	78.89	50.72	402.69	未检出	206.26	781.01	587.99	未检出	未检出	2 300.00	2.45	0.04
2006-07-30	7.74	112.57	89.12	36.38	639.75	未检出	185.10	555.70	716.25	未检出	6.68	2 540.00	2.42	0.01
2006-10-30	7.73	223.59	90.85	35.41	446.70	未检出	62.23	309.09	568.03	未检出	未检出	4 150.00	1.92	0.03

表4-132 荒漠观测井水水质状况

日　　期	pH值	钙离子含量	镁离子含量	钾离子含量	钠离子含量	碳酸根离子含量	重碳酸根离子含量	氯化物	硫酸根离子	磷酸根离子	硝酸根	矿化度	总氮	总磷
2005-04-30	7.85	119.52	69.93	250.43	320.05	未检出	135.53	554.59	468.53	未检出	28.46	1 765.05	0.46	0.22
2005-07-30	7.43	105.12	39.10	34.55	400.71	未检出	168.36	477.23	679.23	未检出	71.37	1 855.33	3.66	0.02
2005-10-30	7.55	102.33	44.28	20.67	425.08	未检出	189.11	327.32	473.13	未检出	0.44	1 980.31	2.51	0.02
2006-01-30	7.75	57.48	23.38	20.14	91.85	未检出	125.87	122.53	131.50	未检出	35.98	630.00	2.56	0.03
2006-04-30	7.60	47.90	33.60	19.04	78.20	未检出	116.35	129.50	210.05	未检出	3.40	730.00	2.33	0.03
2006-07-30	7.93	38.32	17.53	10.35	79.16	未检出	58.18	138.93	129.79	未检出	32.15	870.00	2.63	0.06
2006-10-30	7.50	145.59	39.16	23.77	185.24	未检出	107.87	215.37	309.65	未检出	未检出	2 090.00	1.28	0.01

4.3.3 地下水位记录

表4-133 农田观测井地下水位记录

样地名称：绿洲农田综合观测场　植被名称：农作物棉花　地面高程：1 130m　　　　　　单位：m

日　　期	次数	农田
2005-01-10	1	14.42
2005-01-20	2	14.45
2005-01-31	3	14.57
2005-02-10	4	14.95
2005-02-20	5	15.00
2005-02-28	6	15.27
2005-03-10	7	15.39
2005-03-20	8	15.30
2005-03-31	9	15.50
2005-04-10	10	15.45
2005-04-20	11	15.30
2005-04-30	12	15.75
2005-05-10	13	16.41
2005-05-20	14	16.35
2005-05-31	15	16.30
2005-06-10	16	15.80
2005-06-20	17	15.85
2005-06-30	18	15.75
2005-07-10	19	16.01
2005-07-20	20	15.83
2005-07-31	21	15.70
2005-08-10	22	15.25
2005-08-20	23	15.55
2005-08-31	24	16.00
2005-09-10	25	15.15
2005-09-20	26	15.10
2005-09-30	27	15.02
2005-10-10	28	15.05
2005-10-20	29	15.01
2005-10-31	30	14.95
2005-11-10	31	14.85
2005-11-20	32	14.84
2005-11-30	33	14.80

（续）

日　　期	次数	农田
2005 - 12 - 10	34	14.81
2005 - 12 - 20	35	14.78
2005 - 12 - 31	36	14.75
2006 - 01 - 10	37	14.85
2006 - 01 - 20	38	14.87
2006 - 01 - 31	39	14.84
2006 - 02 - 10	40	14.96
2006 - 02 - 20	41	14.88
2006 - 02 - 28	42	14.89
2006 - 03 - 10	43	14.90
2006 - 03 - 20	44	14.98
2006 - 03 - 31	45	14.97
2006 - 04 - 10	46	15.05
2006 - 04 - 20	47	15.05
2006 - 04 - 30	48	15.09
2006 - 05 - 10	49	15.11
2006 - 05 - 20	50	15.20
2006 - 05 - 31	51	15.24
2006 - 06 - 10	52	15.33
2006 - 06 - 20	53	15.36
2006 - 06 - 30	54	15.35
2006 - 07 - 10	55	15.31
2006 - 07 - 20	56	15.26
2006 - 07 - 31	57	15.19
2006 - 08 - 10	58	15.00
2006 - 08 - 20	59	14.95
2006 - 08 - 31	60	14.87
2006 - 09 - 10	61	14.82
2006 - 09 - 20	62	14.69
2006 - 09 - 30	63	14.74
2006 - 10 - 10	64	14.68
2006 - 10 - 20	65	14.65
2006 - 10 - 31	66	14.62
2006 - 11 - 10	67	14.45
2006 - 11 - 20	68	14.55
2006 - 11 - 30	69	14.58
2006 - 12 - 10	70	14.57
2006 - 12 - 20	71	14.55
2006 - 12 - 31	72	14.62

表 4 - 134　荒漠观测井地下水位记录

样地名称：荒漠综合观测场　植被名称：骆驼刺等荒漠植被　地面高程：1 130m　　　　　　　　单位：m

日　　期	次数	荒漠
2005 - 01 - 10	1	12.22
2005 - 01 - 20	2	12.30
2005 - 01 - 31	3	12.25
2005 - 02 - 10	4	12.35
2005 - 02 - 20	5	12.30

（续）

日　期	次数	荒漠
2005 - 02 - 28	6	12. 35
2005 - 03 - 10	7	12. 44
2005 - 03 - 20	8	12. 45
2005 - 03 - 31	9	12. 48
2005 - 04 - 10	10	12. 43
2005 - 04 - 20	11	12. 45
2005 - 04 - 30	12	12. 40
2005 - 05 - 10	13	12. 50
2005 - 05 - 20	14	12. 55
2005 - 05 - 31	15	12. 75
2005 - 06 - 10	16	13. 95
2005 - 06 - 20	17	13. 92
2005 - 06 - 30	18	13. 90
2005 - 07 - 10	19	14. 15
2005 - 07 - 20	20	14. 05
2005 - 07 - 31	21	13. 95
2005 - 08 - 10	22	12. 85
2005 - 08 - 20	23	12. 80
2005 - 08 - 31	24	12. 90
2005 - 09 - 10	25	12. 50
2005 - 09 - 20	26	12. 45
2005 - 09 - 30	27	12. 45
2005 - 10 - 10	28	12. 40
2005 - 10 - 20	29	12. 35
2005 - 10 - 31	30	12. 50
2005 - 11 - 10	31	12. 70
2005 - 11 - 20	32	12. 90
2005 - 11 - 30	33	12. 85
2005 - 12 - 10	34	12. 98
2005 - 12 - 20	35	13. 01
2005 - 12 - 31	36	13. 00
2006 - 01 - 10	37	13. 15
2006 - 01 - 20	38	13. 22
2006 - 01 - 31	39	13. 35
2006 - 02 - 10	40	13. 41
2006 - 02 - 20	41	13. 50
2006 - 02 - 28	42	13. 52
2006 - 03 - 10	43	13. 60
2006 - 03 - 20	44	13. 55
2006 - 03 - 31	45	13. 60
2006 - 04 - 10	46	13. 60
2006 - 04 - 20	47	13. 71
2006 - 04 - 30	48	13. 76
2006 - 05 - 10	49	13. 78
2006 - 05 - 20	50	13. 93
2006 - 05 - 31	51	13. 85
2006 - 06 - 10	52	13. 93

（续）

日 期	次数	荒漠
2006 - 06 - 20	53	14.01
2006 - 06 - 30	54	13.72
2006 - 07 - 10	55	13.12
2006 - 07 - 20	56	12.85
2006 - 07 - 31	57	12.58
2006 - 08 - 10	58	12.58
2006 - 08 - 20	59	12.77
2006 - 08 - 31	60	12.82
2006 - 09 - 10	61	12.98
2006 - 09 - 20	62	13.08
2006 - 09 - 30	63	13.10
2006 - 10 - 10	64	13.23
2006 - 10 - 20	65	13.33
2006 - 10 - 31	66	13.30
2006 - 11 - 10	67	13.42
2006 - 11 - 20	68	13.42
2006 - 11 - 30	69	13.45
2006 - 12 - 10	70	13.42
2006 - 12 - 20	71	13.42
2006 - 12 - 31	72	13.50

4.3.4 农田蒸散量

表 4 - 135　气象综合观测场蒸散量

观测土层厚度：200cm　　　　　　　　　　　　　　　　　　　　　　　　　　单位：mm

日 期	上日土层储水量	该日土层储水量	时段降雨量	时段地表流量	时段灌溉量	平均日蒸散量	备注
2005 - 01 - 05	137.52	132.86	0.00	0.00	0.00	0.93	上日土层储水量为1月1日
2005 - 01 - 10	132.86	133.41	0.00	0.00	0.00	−0.11	—
2005 - 01 - 15	133.41	133.81	1.00	0.00	0.00	0.12	—
2005 - 01 - 20	133.81	126.25	0.00	0.00	0.00	1.51	—
2005 - 01 - 25	126.25	134.06	0.00	0.00	0.00	−1.56	—
2005 - 01 - 31	134.06	135.37	0.20	0.00	0.00	−0.19	—
2005 - 02 - 05	135.37	135.77	0.00	0.00	0.00	−0.08	—
2005 - 02 - 10	135.77	136.07	0.00	0.00	0.00	−0.06	—
2005 - 02 - 15	136.07	135.92	0.00	0.00	0.00	0.03	—
2005 - 02 - 20	135.92	135.06	1.00	0.00	0.00	0.37	—
2005 - 02 - 25	135.06	139.72	0.00	0.00	0.00	−0.93	—
2005 - 02 - 28	139.72	136.32	0.00	0.00	0.00	1.13	—
2005 - 03 - 05	136.32	138.17	0.00	0.00	0.00	−0.37	—
2005 - 03 - 10	138.17	132.76	0.00	0.00	0.00	1.08	—
2005 - 03 - 15	132.76	135.77	0.00	0.00	0.00	−0.60	—
2005 - 03 - 20	135.77	135.57	0.00	0.00	0.00	0.04	—
2005 - 03 - 25	135.57	130.81	0.00	0.00	0.00	0.95	—
2005 - 03 - 31	130.81	130.00	0.00	0.00	0.00	0.14	—
2005 - 04 - 05	130.00	132.16	0.00	0.00	0.00	−0.43	—
2005 - 04 - 10	132.16	141.98	27.80	0.00	0.00	3.60	—

（续）

日　　期	上日土层储水量	该日土层储水量	时段降雨量	时段地表流量	时段灌溉量	平均日蒸散量	备注
2005 - 04 - 15	141.98	136.37	0.20	0.00	0.00	1.16	—
2005 - 04 - 20	136.37	137.77	0.00	0.00	0.00	−0.28	—
2005 - 04 - 25	137.77	135.16	0.00	0.00	0.00	0.52	—
2005 - 04 - 30	135.16	96.89	0.00	0.00	0.00	7.65	—
2005 - 05 - 05	96.89	137.72	0.00	0.00	0.00	−8.17	—
2005 - 05 - 10	137.72	133.61	0.00	0.00	0.00	0.82	—
2005 - 05 - 15	133.61	137.47	8.60	0.00	0.00	0.95	—
2005 - 05 - 20	137.47	136.37	9.50	0.00	0.00	2.12	—
2005 - 05 - 25	136.37	134.96	0.20	0.00	0.00	0.32	—
2005 - 05 - 31	134.96	132.71	0.00	0.00	0.00	0.38	—
2005 - 06 - 05	132.71	147.53	0.00	0.00	0.00	−2.96	—
2005 - 06 - 10	147.53	131.92	0.00	0.00	0.00	3.12	—
2005 - 06 - 15	131.92	132.02	0.00	0.00	0.00	−0.02	—
2005 - 06 - 20	132.02	132.41	5.50	0.00	0.00	1.02	—
2005 - 06 - 25	132.41	125.40	0.00	0.00	0.00	1.40	—
2005 - 06 - 30	125.40	129.80	0.00	0.00	0.00	−0.88	—
2005 - 07 - 05	—	—	—	—	—	—	仪器故障
2005 - 07 - 10	—	—	—	—	—	—	同上
2005 - 07 - 15	—	—	—	—	—	—	同上
2005 - 07 - 20	151.01	161.82	15.40	0.00	0.00	0.92	—
2005 - 07 - 25	161.82	154.95	0.00	0.00	0.00	1.37	—
2005 - 07 - 31	154.95	145.88	0.00	0.00	0.00	1.51	—
2005 - 08 - 05	145.88	138.47	8.50	0.00	0.00	3.18	—
2005 - 08 - 10	138.47	132.51	0.00	0.00	0.00	1.19	—
2005 - 08 - 15	132.51	129.55	0.00	0.00	0.00	0.59	—
2005 - 08 - 20	129.55	125.90	0.00	0.00	0.00	0.73	—
2005 - 08 - 25	125.90	122.30	0.00	0.00	0.00	0.72	—
2005 - 08 - 31	122.30	122.64	0.00	0.00	0.00	−0.07	—
2005 - 09 - 05	122.64	121.39	0.00	0.00	0.00	0.25	—
2005 - 09 - 10	121.39	120.64	0.00	0.00	0.00	0.15	—
2005 - 09 - 15	120.64	118.98	0.00	0.00	0.00	0.33	—
2005 - 09 - 20	118.98	116.88	0.00	0.00	0.00	0.42	—
2005 - 09 - 25	116.88	114.68	0.00	0.00	0.00	0.44	—
2005 - 09 - 30	114.68	114.12	3.90	0.00	0.00	0.89	—
2005 - 10 - 05	114.12	113.07	0.00	0.00	0.00	0.21	—
2005 - 10 - 10	113.07	110.57	0.00	0.00	0.00	0.50	—
2005 - 10 - 15	110.57	110.77	0.00	0.00	0.00	−0.04	—
2005 - 10 - 20	110.77	112.27	0.00	0.00	0.00	−0.30	—
2005 - 10 - 25	112.27	112.07	0.00	0.00	0.00	0.04	—
2005 - 10 - 31	112.07	111.32	0.00	0.00	0.00	0.13	—
2005 - 11 - 05	111.32	112.37	0.00	0.00	0.00	−0.21	—
2005 - 11 - 10	112.37	113.07	0.00	0.00	0.00	−0.14	—
2005 - 11 - 15	113.07	113.82	0.00	0.00	0.00	−0.15	—
2005 - 11 - 20	113.82	112.42	0.00	0.00	0.00	0.28	—
2005 - 11 - 25	112.42	112.57	0.00	0.00	0.00	−0.03	—
2005 - 11 - 30	112.57	113.27	0.00	0.00	0.00	−0.14	—
2005 - 12 - 05	113.27	114.53	0.00	0.00	0.00	−0.25	—

（续）

日 期	上日土层储水量	该日土层储水量	时段降雨量	时段地表流量	时段灌溉量	平均日蒸散量	备注
2005 - 12 - 10	114.53	111.07	0.00	0.00	0.00	0.69	—
2005 - 12 - 15	111.07	110.02	0.00	0.00	0.00	0.21	—
2005 - 12 - 20	110.02	111.97	0.00	0.00	0.00	−0.39	—
2005 - 12 - 25	111.97	115.58	0.00	0.00	0.00	−0.72	—
2005 - 12 - 31	115.58	113.72	0.00	0.00	0.00	0.31	—
2006 - 01 - 05	142.28	140.95	1.6	0	0	0.59	—
2006 - 01 - 10	140.95	141.59	0.5	0	0	−0.03	—
2006 - 01 - 15	141.59	140.99	0	0	0	0.12	—
2006 - 01 - 20	140.99	144.36	2.5	0	0	−0.17	—
2006 - 01 - 25	144.36	141.61	0	0	0	0.55	—
2006 - 01 - 31	141.61	140.94	0	0	0	0.11	—
2006 - 02 - 05	140.94	142.17	0	0	0	−0.24	—
2006 - 02 - 10	142.17	139.32	0	0	0	0.57	—
2006 - 02 - 15	139.32	141.71	5.6	0	0	0.64	—
2006 - 02 - 20	141.71	141.4	0	0	0	0.06	—
2006 - 02 - 28	141.4	140.84	0.7	0	0	0.16	—
2006 - 03 - 05	140.84	142.13	0	0	0	−0.26	—
2006 - 03 - 10	142.13	140.08	0	0	0	0.41	—
2006 - 03 - 15	140.08	140.59	0	0	0	−0.1	—
2006 - 03 - 20	140.59	141.52	0	0	0	−0.19	—
2006 - 03 - 25	141.52	140.89	0	0	0	0.13	—
2006 - 03 - 31	140.89	140.44	0	0	0	0.07	—
2006 - 04 - 05	140.44	140.49	0	0	0	−0.01	—
2006 - 04 - 10	140.49	140.65	1.7	0	0	0.31	—
2006 - 04 - 15	140.65	140.64	0.6	0	0	0.12	—
2006 - 04 - 20	140.64	137.59	0	0	0	0.61	—
2006 - 04 - 25	137.59	145.69	0	0	0	−1.62	—
2006 - 04 - 30	145.69	140.03	0	0	0	1.13	—
2006 - 05 - 05	140.03	139.62	0	0	0	0.08	—
2006 - 05 - 10	139.62	137.54	0	0	0	0.42	—
2006 - 05 - 15	137.54	139.47	0.4	0	0	−0.31	—
2006 - 05 - 20	139.47	135.89	0	0	0	0.72	—
2006 - 05 - 25	135.89	134.55	0	0	0	0.27	—
2006 - 05 - 31	134.55	135.41	0	0	0	−0.14	—
2006 - 06 - 05	135.41	134.66	1.1	0	0	0.37	—
2006 - 06 - 10	134.66	132.24	0	0	0	0.48	—
2006 - 06 - 15	132.24	133	0.1	0	0	−0.13	—
2006 - 06 - 20	133	131.94	0	0	0	0.21	—
2006 - 06 - 25	131.94	129.59	0	0	0	0.47	—
2006 - 06 - 30	129.59	131.3	0	0	0	−0.34	—
2006 - 07 - 05	131.3	130.82	2.4	0	0	0.58	—
2006 - 07 - 10	130.82	127.72	0	0	0	0.62	—
2006 - 07 - 15	127.72	130.98	8	0	0	0.95	—
2006 - 07 - 20	130.98	127.78	0	0	0	0.64	—
2006 - 07 - 25	127.78	129.38	0	0	0	−0.32	—
2006 - 07 - 31	129.38	128.75	0	0	0	0.1	—
2006 - 08 - 05	128.75	126.74	0	0	0	0.4	—

（续）

日　　期	上日土层储水量	该日土层储水量	时段降雨量	时段地表流量	时段灌溉量	平均日蒸散量	备注
2006 - 08 - 10	126.74	128.71	0	0	0	−0.39	—
2006 - 08 - 15	128.71	123.42	0	0	0	1.06	—
2006 - 08 - 20	123.42	125.26	0	0	0	−0.37	—
2006 - 08 - 25	125.26	125.56	0	0	0	−0.06	—
2006 - 08 - 31	125.56	127.11	0.1	0	0	−0.24	—
2006 - 09 - 05	127.11	126.82	0	0	0	0.06	—
2006 - 09 - 10	126.82	126.48	0	0	0	0.07	—
2006 - 09 - 15	126.48	126.2	0	0	0	0.06	—
2006 - 09 - 20	126.2	126.46	0	0	0	−0.05	—
2006 - 09 - 25	126.46	128.9	0	0	0	−0.49	—
2006 - 09 - 30	128.9	126.89	0	0	0	0.4	—
2006 - 10 - 05	126.89	124.67	0	0	0	0.45	—
2006 - 10 - 10	124.67	127.01	0	0	0	−0.47	—
2006 - 10 - 15	127.01	125.4	0	0	0	0.32	—
2006 - 10 - 20	125.4	123.98	0	0	0	0.28	—
2006 - 10 - 25	123.98	125.65	0	0	0	−0.34	—
2006 - 10 - 31	125.65	124.9	0	0	0	0.13	—
2006 - 11 - 05	124.9	125.95	0	0	0	−0.21	—
2006 - 11 - 10	125.95	126.77	0	0	0	−0.16	—
2006 - 11 - 15	126.77	125.96	0	0	0	0.16	—
2006 - 11 - 20	125.96	125.47	0	0	0	0.1	—
2006 - 11 - 25	125.47	127.39	1.5	0	0	−0.08	—
2006 - 11 - 30	127.39	126.72	0	0	0	0.13	—
2006 - 12 - 05	126.72	129.28	0	0	0	−0.51	—
2006 - 12 - 10	129.28	126.41	0	0	0	0.57	—
2006 - 12 - 15	126.41	126.19	0	0	0	0.05	—
2006 - 12 - 20	126.19	126.97	0	0	0	−0.16	—
2006 - 12 - 25	126.97	126.58	0	0	0	0.08	—
2006 - 12 - 31	126.58	128.91	0	0	0	−0.39	—

表 4-136　绿洲农田综合观测（常规）场蒸散量

观测土层厚度：200cm　　　　　　　　　　　　　　　　　　　　　　单位：mm

日　　期	上日土层储水量	该日土层储水量	时段降雨量	时段地表径流量	时段灌溉量	平均日蒸散量	备注
2005 - 01 - 05	157.51	153.9	0	0	0	0.72	—
2005 - 01 - 10	153.9	154.4	0	0	0	−0.1	—
2005 - 01 - 15	154.4	158.96	1	0	0	−0.71	—
2005 - 01 - 20	158.96	143.73	0	0	0	3.05	—
2005 - 01 - 25	143.73	150.64	0	0	0	−1.38	—
2005 - 01 - 31	150.64	153.75	0.2	0	0	−0.49	—
2005 - 02 - 05	153.75	150.64	0	0	0	0.62	—
2005 - 02 - 10	150.64	154.55	0	0	0	−0.78	—
2005 - 02 - 15	154.55	153.9	0	0	0	0.13	—
2005 - 02 - 20	153.9	163.32	1	0	0	−1.68	—
2005 - 02 - 25	163.32	159.86	0	0	0	0.69	—
2005 - 02 - 28	159.86	153.75	0	0	0	2.04	—
2005 - 03 - 05	153.75	156.76	0	0	0	−0.6	—

（续）

日 期	上日土层 储水量	该日土层 储水量	时段 降雨量	时段地 表径流量	时段 灌溉量	平均日 蒸散量	备注
2005 - 03 - 10	156.76	154.75	0	0	0	0.4	—
2005 - 03 - 15	154.75	154.85	0	0	0	−0.02	—
2005 - 03 - 20	154.85	152.55	0	0	0	0.46	—
2005 - 03 - 25	152.55	149.94	0	0	0	0.52	—
2005 - 03 - 31	149.94	148.59	0	0	0	0.22	—
2005 - 04 - 05	148.59	392.21	0	0	150	−18.72	—
2005 - 04 - 10	392.21	374.43	27.8	0	0	9.12	—
2005 - 04 - 15	374.43	350.83	0.2	0	0	4.76	—
2005 - 04 - 20	350.83	326.23	0	0	0	4.92	—
2005 - 04 - 25	326.23	307.4	0	0	0	3.77	—
2005 - 04 - 30	307.4	221.1	0	0	0	17.26	—
2005 - 05 - 05	221.1	280.19	0	0	0	−11.82	—
2005 - 05 - 10	280.19	264.16	0	0	0	3.21	—
2005 - 05 - 15	264.16	261.26	8.6	0	0	2.3	—
2005 - 05 - 20	261.26	252.49	9.5	0	0	3.65	—
2005 - 05 - 25	252.49	240.77	0.2	0	0	2.38	—
2005 - 05 - 31	240.77	230.55	0	0	0	1.69	—
2005 - 06 - 05	230.55	414.81	0	0	120	−12.85	—
2005 - 06 - 10	414.81	351.63	0	0	0	12.64	—
2005 - 06 - 15	351.63	313.46	0	0	0	7.63	—
2005 - 06 - 20	313.46	285.05	5.5	0	0	6.78	—
2005 - 06 - 25	285.05	388.96	0	0	120	3.22	—
2005 - 06 - 30	388.96	425.93	0	0	0	−7.39	—
2005 - 07 - 05	—	—	—	—	—	—	仪器故障
2005 - 07 - 10	—	—	—	—	—	—	仪器故障
2005 - 07 - 15	—	—	—	—	—	—	仪器故障
2005 - 07 - 20	468.66	350.76	15.4	0	0	26.66	—
2005 - 07 - 25	350.76	292.02	0	0	0	11.75	—
2005 - 07 - 31	292.02	255.5	0	0	0	6.09	—
2005 - 08 - 05	255.5	411.05	8.5	0	120	−5.41	—
2005 - 08 - 10	411.05	344.17	0	0	0	13.38	—
2005 - 08 - 15	344.17	297.13	0	0	0	9.41	—
2005 - 08 - 20	297.13	275.19	0	0	0	4.39	—
2005 - 08 - 25	275.19	500.32	0	0	120	−21.03	—
2005 - 08 - 31	500.32	385.35	0	0	0	19.16	—
2005 - 09 - 05	385.35	310.15	0	0	0	15.04	—
2005 - 09 - 10	310.15	275.84	0	0	0	6.86	—
2005 - 09 - 15	275.84	253.89	0	0	0	4.39	—
2005 - 09 - 20	253.89	234.81	0	0	0	3.82	—
2005 - 09 - 25	234.81	217.32	0	0	0	3.5	—
2005 - 09 - 30	217.32	205	3.9	0	0	3.24	—
2005 - 10 - 05	205	195.23	0	0	0	1.95	—
2005 - 10 - 10	195.23	185.11	0	0	0	2.02	—
2005 - 10 - 15	185.11	183.86	0	0	0	0.25	—
2005 - 10 - 20	183.86	178.8	0	0	0	1.01	—
2005 - 10 - 25	178.8	177.45	0	0	0	0.27	—
2005 - 10 - 31	177.45	177	0	0	0	0.07	—

（续）

日　期	上日土层储水量	该日土层储水量	时段降雨量	时段地表径流量	时段灌溉量	平均日蒸散量	备注
2005 - 11 - 05	177	178.5	0	0	0	-0.3	—
2005 - 11 - 10	178.5	180.25	0	0	0	-0.35	—
2005 - 11 - 15	180.25	175.59	0	0	0	0.93	—
2005 - 11 - 20	175.59	175.19	0	0	0	0.08	—
2005 - 11 - 25	175.19	173.54	0	0	0	0.33	—
2005 - 11 - 30	173.54	172.54	0	0	0	0.2	—
2005 - 12 - 05	172.54	176.29	0	0	0	-0.75	—
2005 - 12 - 10	176.29	167.28	0	0	0	1.8	—
2005 - 12 - 15	167.28	165.32	0	0	0	0.39	—
2005 - 12 - 20	165.32	171.49	0	0	0	-1.23	—
2005 - 12 - 25	171.49	173.09	0	0	0	-0.32	—
2005 - 12 - 31	173.09	171.03	0	0	0	0.34	—
2006 - 01 - 05	200.66	202.29	1.6	0	0	0	—
2006 - 01 - 10	202.29	201.12	0.5	0	0	0.33	—
2006 - 01 - 15	201.12	201.09	0	0	0	0.01	—
2006 - 01 - 20	201.09	197.73	2.5	0	0	1.17	—
2006 - 01 - 25	197.73	200.91	0	0	0	-0.64	—
2006 - 01 - 31	200.91	196.48	0	0	0	0.74	—
2006 - 02 - 05	196.48	198.97	0	0	0	-0.5	—
2006 - 02 - 10	198.97	194.75	0	0	0	0.84	—
2006 - 02 - 15	194.75	198.97	5.6	0	0	0.28	—
2006 - 02 - 20	198.97	197.75	0	0	0	0.24	—
2006 - 02 - 28	197.75	197.89	0.7	0	0	0.07	—
2006 - 03 - 05	197.89	196.37	0	0	0	0.3	—
2006 - 03 - 10	196.37	195.97	0	0	0	0.08	—
2006 - 03 - 15	195.97	195	0	0	0	0.19	—
2006 - 03 - 20	195	197.71	0	0	0	-0.54	—
2006 - 03 - 25	197.71	194.96	0	0	0	0.55	—
2006 - 03 - 31	194.96	197.91	0	0	0	-0.49	—
2006 - 04 - 05	197.91	383.14	0	0	150	-7.05	—
2006 - 04 - 10	383.14	351.55	1.7	0	0	6.66	—
2006 - 04 - 15	351.55	346.21	0.6	0	0	1.19	—
2006 - 04 - 20	346.21	330.27	0	0	0	3.19	—
2006 - 04 - 25	330.27	323.26	0	0	0	1.4	—
2006 - 04 - 30	323.26	317.33	0	0	0	1.19	—
2006 - 05 - 05	317.33	304.62	0	0	0	2.54	—
2006 - 05 - 10	304.62	296.6	0	0	0	1.6	—
2006 - 05 - 15	296.6	284.86	0.4	0	0	2.43	—
2006 - 05 - 20	284.86	273.31	0	0	0	2.31	—
2006 - 05 - 25	273.31	259.97	0	0	0	2.67	—
2006 - 05 - 31	259.97	252.37	0	0	0	1.27	—
2006 - 06 - 05	252.37	457.98	1.1	0	120	-16.9	—
2006 - 06 - 10	457.98	387.83	0	0	0	14.03	—
2006 - 06 - 15	387.83	343	0.1	0	120	32.99	—
2006 - 06 - 20	343	449.35	0	0	0	-21.27	—
2006 - 06 - 25	449.35	334.65	0	0	0	22.94	—
2006 - 06 - 30	334.65	307.74	0	0	120	29.38	—

（续）

日 期	上日土层储水量	该日土层储水量	时段降雨量	时段地表径流量	时段灌溉量	平均日蒸散量	备注
2006 - 07 - 05	307.74	572.82	2.4	0	0	-52.54	—
2006 - 07 - 10	572.82	359.44	0	0	0	42.68	—
2006 - 07 - 15	359.44	319.6	8	0	0	9.57	—
2006 - 07 - 20	319.6	534.05	0	0	120	-18.89	—
2006 - 07 - 25	534.05	378.4	0	0	0	31.13	—
2006 - 07 - 31	378.4	317.93	0	0	0	10.08	—
2006 - 08 - 05	317.93	573.71	0	0	120	-27.16	—
2006 - 08 - 10	573.71	391.79	0	0	0	36.38	—
2006 - 08 - 15	391.79	309.28	0	0	0	16.5	—
2006 - 08 - 20	309.28	287.22	0	0	0	4.41	—
2006 - 08 - 25	287.22	269.58	0	0	0	3.53	—
2006 - 08 - 31	269.58	474.43	0.1	0	120	-14.12	—
2006 - 09 - 05	474.43	351.29	0	0	0	24.63	—
2006 - 09 - 10	351.29	313.19	0	0	0	7.62	—
2006 - 09 - 15	313.19	287.94	0	0	0	5.05	—
2006 - 09 - 20	287.94	266.14	0	0	0	4.36	—
2006 - 09 - 25	266.14	255.44	0	0	0	2.14	—
2006 - 09 - 30	255.44	240.65	0	0	0	2.96	—
2006 - 10 - 05	240.65	229.67	0	0	0	2.2	—
2006 - 10 - 10	229.67	217.76	0	0	0	2.38	—
2006 - 10 - 15	217.76	215.34	0	0	0	0.48	—
2006 - 10 - 20	215.34	202.77	0	0	0	2.52	—
2006 - 10 - 25	202.77	204.59	0	0	0	-0.37	—
2006 - 10 - 31	204.59	198.27	0	0	0	1.05	—
2006 - 11 - 05	198.27	202.25	0	0	0	-0.8	—
2006 - 11 - 10	202.25	201.24	0	0	0	0.2	—
2006 - 11 - 15	201.24	199.13	0	0	0	0.42	—
2006 - 11 - 20	199.13	197.91	0	0	0	0.24	—
2006 - 11 - 25	197.91	200.63	1.5	0	0	-0.24	—
2006 - 11 - 30	200.63	197.55	0	0	0	0.62	—
2006 - 12 - 05	197.55	200.99	0	0	0	-0.69	—
2006 - 12 - 10	200.99	196.68	0	0	0	0.86	—
2006 - 12 - 15	196.68	197.19	0	0	0	-0.1	—
2006 - 12 - 20	197.19	198.56	0	0	0	-0.27	—
2006 - 12 - 25	198.56	198.97	2.4	0	0	-0.08	—
2006 - 12 - 31	198.97	194.9	0	0	0	0.68	—

表 4 - 137 绿洲农田辅助观测场（高产）蒸散量

观测土层厚度：200cm 单位：mm

日 期	上日土层储水量	该日土层储水量	时段降雨量	时段地表径流量	时段灌溉量	平均日蒸散量	备注
2005 - 01 - 05	134.96	145.18	0	0	0	-2.04	—
2005 - 01 - 10	145.18	138.42	0	0	0	1.35	—
2005 - 01 - 15	138.42	138.72	1	0	0	0.14	—
2005 - 01 - 20	138.72	137.02	0	0	0	0.34	—
2005 - 01 - 25	137.02	133.26	0	0	0	0.75	—
2005 - 01 - 31	133.26	145.18	0.2	0	0	-1.95	—

（续）

日　期	上日土层 储水量	该日土层 储水量	时段 降雨量	时段地表 径流量	时段 灌溉量	平均日 蒸散量	备注
2005 - 02 - 05	145.18	139.27	0	0	0	1.18	—
2005 - 02 - 10	139.27	149.39	0	0	0	−2.02	—
2005 - 02 - 15	149.39	151.05	0	0	0	−0.33	—
2005 - 02 - 20	151.05	149.04	1	0	0	0.6	—
2005 - 02 - 25	149.04	150.64	0	0	0	−0.32	—
2005 - 02 - 28	150.64	147.74	0	0	0	0.97	—
2005 - 03 - 05	147.74	149.79	0	0	0	−0.41	—
2005 - 03 - 10	149.79	147.44	0	0	0	0.47	—
2005 - 03 - 15	147.44	147.89	0	0	0	−0.09	—
2005 - 03 - 20	147.89	145.43	0	0	0	0.49	—
2005 - 03 - 25	145.43	143.23	0	0	0	0.44	—
2005 - 03 - 31	143.23	144.43	0	0	0	−0.2	—
2005 - 04 - 05	144.43	175.69	0	0	150	23.75	—
2005 - 04 - 10	175.69	190.42	27.8	0	0	2.61	—
2005 - 04 - 15	190.42	194.53	0.2	0	0	−0.78	—
2005 - 04 - 20	194.53	196.48	0	0	0	−0.39	—
2005 - 04 - 25	196.48	197.79	0	0	0	−0.26	—
2005 - 04 - 30	197.79	179.25	0	0	0	3.71	—
2005 - 05 - 05	179.25	201.94	0	0	0	−4.54	—
2005 - 05 - 10	201.94	199.69	0	0	0	0.45	—
2005 - 05 - 15	199.69	202.19	8.6	0	0	1.22	—
2005 - 05 - 20	202.19	204.4	9.5	0	0	1.46	—
2005 - 05 - 25	204.4	202.09	0.2	0	0	0.5	—
2005 - 05 - 31	202.09	200.39	0	0	0	0.28	—
2005 - 06 - 05	200.39	763.98	0	0	120	−88.72	—
2005 - 06 - 10	763.98	713.83	0	0	0	10.03	—
2005 - 06 - 15	713.83	301.24	0	0	0	82.52	—
2005 - 06 - 20	301.24	292.87	5.5	0	0	2.77	—
2005 - 06 - 25	292.87	327.24	0	0	120	17.13	—
2005 - 06 - 30	327.24	296.13	0	0	0	6.22	—
2005 - 07 - 05	—	—	—	—	—	—	仪器故障
2005 - 07 - 10	—	—	—	—	—	—	仪器故障
2005 - 07 - 15	—	—	—	—	—	—	仪器故障
2005 - 07 - 20	339.96	323.03	15.4	0	0	6.47	—
2005 - 07 - 25	323.03	288.81	0	0	0	6.84	—
2005 - 07 - 31	288.81	254.25	0	0	0	5.76	—
2005 - 08 - 05	254.25	323.18	8.5	0	120	11.91	—
2005 - 08 - 10	323.18	299.53	0	0	0	4.73	—
2005 - 08 - 15	299.53	273.33	0	0	0	5.24	—
2005 - 08 - 20	273.33	250.84	0	0	0	4.5	—
2005 - 08 - 25	250.84	460.54	0	0	120	−17.94	—
2005 - 08 - 31	460.54	376.53	0	0	0	14	—
2005 - 09 - 05	376.53	312.46	0	0	0	12.81	—
2005 - 09 - 10	312.46	273.98	0	0	0	7.7	—
2005 - 09 - 15	273.98	247.43	0	0	0	5.31	—
2005 - 09 - 20	247.43	221.68	0	0	0	5.15	—

（续）

日　期	上日土层储水量	该日土层储水量	时段降雨量	时段地表径流量	时段灌溉量	平均日蒸散量	备注
2005 - 09 - 25	221.68	201.09	0	0	0	4.12	—
2005 - 09 - 30	201.09	183.86	3.9	0	0	4.23	—
2005 - 10 - 05	183.86	172.39	0	0	0	2.29	—
2005 - 10 - 10	172.39	160.61	0	0	0	2.36	—
2005 - 10 - 15	160.61	154.1	0	0	0	1.3	—
2005 - 10 - 20	154.1	153.25	0	0	0	0.17	—
2005 - 10 - 25	153.25	154.4	0	0	0	−0.23	—
2005 - 10 - 31	154.4	153.45	0	0	0	0.16	—
2005 - 11 - 05	153.45	152.4	0	0	0	0.21	—
2005 - 11 - 10	152.4	156.11	0	0	0	−0.74	—
2005 - 11 - 15	156.11	153.25	0	0	0	0.57	—
2005 - 11 - 20	153.25	158.06	0	0	0	−0.96	—
2005 - 11 - 25	158.06	157.91	0	0	0	0.03	—
2005 - 11 - 30	157.91	157.01	0	0	0	0.18	—
2005 - 12 - 05	157.01	148.14	0	0	0	1.77	—
2005 - 12 - 10	148.14	149.44	0	0	0	−0.26	—
2005 - 12 - 15	149.44	151.3	0	0	0	−0.37	—
2005 - 12 - 20	151.3	152.75	0	0	0	−0.29	—
2005 - 12 - 25	152.75	152.15	0	0	0	0.12	—
2005 - 12 - 31	152.15	151.4	0	0	0	0.13	—
2006 - 01 - 05	180.66	181.45	1.6	0	0	0.13	—
2006 - 01 - 10	181.45	179.97	0.5	0	0	0.4	—
2006 - 01 - 15	179.97	181.97	0	0	0	−0.4	—
2006 - 01 - 20	181.97	180.61	2.5	0	0	0.77	—
2006 - 01 - 25	180.61	180.65	0	0	0	−0.01	—
2006 - 01 - 31	180.65	180.54	0	0	0	0.02	—
2006 - 02 - 05	180.54	182.19	0	0	0	−0.33	—
2006 - 02 - 10	182.19	180.64	0	0	0	0.31	—
2006 - 02 - 15	180.64	181.41	5.6	0	0	0.97	—
2006 - 02 - 20	181.41	179.59	0	0	0	0.36	—
2006 - 02 - 28	179.59	178.55	0.7	0	0	0.22	—
2006 - 03 - 05	178.55	178.36	0	0	0	0.04	—
2006 - 03 - 10	178.36	178.4	0	0	0	−0.01	—
2006 - 03 - 15	178.4	174.12	0	0	0	0.86	—
2006 - 03 - 20	174.12	180.7	0	0	0	−1.32	—
2006 - 03 - 25	180.7	175.86	0	0	0	0.97	—
2006 - 03 - 31	175.86	194.85	0	0	150	21.84	—
2006 - 04 - 05	194.85	201.98	0	0	0	−1.43	—
2006 - 04 - 10	201.98	204.56	1.7	0	0	−0.18	—
2006 - 04 - 15	204.56	207.65	0.6	0	0	−0.5	—
2006 - 04 - 20	207.65	208.89	0	0	0	−0.25	—
2006 - 04 - 25	208.89	212.22	0	0	0	−0.67	—
2006 - 04 - 30	212.22	214.38	0	0	0	−0.43	—
2006 - 05 - 05	214.38	215.38	0	0	0	−0.2	—
2006 - 05 - 10	215.38	213.73	0	0	0	0.33	—
2006 - 05 - 15	213.73	217.43	0.4	0	0	−0.66	—

（续）

日　　期	上日土层储水量	该日土层储水量	时段降雨量	时段地表径流量	时段灌溉量	平均日蒸散量	备注
2006 - 05 - 20	217.43	216.04	0	0	0	0.28	—
2006 - 05 - 25	216.04	211.08	0	0	0	0.99	—
2006 - 05 - 31	211.08	209.64	0	0	0	0.24	—
2006 - 06 - 05	209.64	315.41	1.1	0	120	3.07	—
2006 - 06 - 10	315.41	338.05	0	0	0	−4.53	—
2006 - 06 - 15	338.05	390.07	0.1	0	120	13.62	—
2006 - 06 - 20	390.07	404.55	0	0	0	−2.9	—
2006 - 06 - 25	404.55	353.89	0	0	0	10.13	—
2006 - 06 - 30	353.89	336.55	0	0	0	3.47	—
2006 - 07 - 05	336.55	443.19	2.4	0	120	3.15	—
2006 - 07 - 10	443.19	352.75	0	0	0	18.09	—
2006 - 07 - 15	352.75	315.97	8	0	0	8.96	—
2006 - 07 - 20	315.97	411.89	0	0	120	4.82	—
2006 - 07 - 25	411.89	372.72	0	0	0	7.83	—
2006 - 07 - 31	372.72	324.85	0	0	0	7.98	—
2006 - 08 - 05	324.85	470.15	0	0	120	−5.06	—
2006 - 08 - 10	470.15	395.93	0	0	0	14.84	—
2006 - 08 - 15	395.93	326.03	0	0	0	13.98	—
2006 - 08 - 20	326.03	304.67	0	0	0	4.27	—
2006 - 08 - 25	304.67	518.4	0	0	120	−18.75	—
2006 - 08 - 31	518.4	392.18	0.1	0	0	21.05	—
2006 - 09 - 05	392.18	321.66	0	0	0	14.1	—
2006 - 09 - 10	321.66	293.12	0	0	0	5.71	—
2006 - 09 - 15	293.12	275.43	0	0	0	3.54	—
2006 - 09 - 20	275.43	239.3	0	0	0	7.23	—
2006 - 09 - 25	239.3	222.91	0	0	0	3.28	—
2006 - 09 - 30	222.91	213.81	0	0	0	1.82	—
2006 - 10 - 05	213.81	201.24	0	0	0	2.51	—
2006 - 10 - 10	201.24	190.55	0	0	0	2.14	—
2006 - 10 - 15	190.55	184.77	0	0	0	1.16	—
2006 - 10 - 20	184.77	179.91	0	0	0	0.97	—
2006 - 10 - 25	179.91	178.45	0	0	0	0.29	—
2006 - 10 - 31	178.45	176.08	0	0	0	0.4	—
2006 - 11 - 05	176.08	182.6	0	0	0	−1.3	—
2006 - 11 - 10	182.6	171.53	0	0	0	2.21	—
2006 - 11 - 15	171.53	174.7	0	0	0	−0.63	—
2006 - 11 - 20	174.7	174	0	0	0	0.14	—
2006 - 11 - 25	174	174.61	1.5	0	0	0.18	—
2006 - 11 - 30	174.61	174.35	0	0	0	0.05	—
2006 - 12 - 05	174.35	174.61	0	0	0	−0.05	—
2006 - 12 - 10	174.61	172.6	0	0	0	0.4	—
2006 - 12 - 15	172.6	165.68	0	0	0	1.38	—
2006 - 12 - 20	165.68	171.99	0	0	0	−1.26	—
2006 - 12 - 25	171.99	172.02	0	0	0	−0.01	—
2006 - 12 - 31	172.02	176.83	0	0	0	−0.8	—

表4-138 绿洲农田辅助观测场（对照）蒸散量

观测土层厚度：200cm　　　　　　　　　　　　　　　　　　　　单位：mm

日　期	上日土层储水量	该日土层储水量	时段降雨量	时段地表径流量	时段灌溉量	平均日蒸散量	备注
2005-01-05	64.53	67.18	0	0	0	-0.53	—
2005-01-10	67.18	64.48	0	0	0	0.54	—
2005-01-15	64.48	67.68	1	0	0	-0.44	—
2005-01-20	67.68	63.48	0	0	0	0.84	—
2005-01-25	63.48	62.02	0	0	0	0.29	—
2005-01-31	62.02	67.23	0.2	0	0	-0.84	—
2005-02-05	67.23	63.58	0	0	0	0.73	—
2005-02-10	63.58	67.73	0	0	0	-0.83	—
2005-02-15	67.73	69.19	0	0	0	-0.29	—
2005-02-20	69.19	68.34	1	0	0	0.37	—
2005-02-25	68.34	71.04	0	0	0	-0.54	—
2005-02-28	71.04	67.78	0	0	0	1.09	—
2005-03-05	67.78	69.14	0	0	0	-0.27	—
2005-03-10	69.14	68.79	0	0	0	0.07	—
2005-03-15	68.79	68.74	0	0	0	0.01	—
2005-03-20	68.74	68.39	0	0	0	0.07	—
2005-03-25	68.39	65.08	0	0	0	0.66	—
2005-03-31	65.08	66.88	0	0	0	-0.3	—
2005-04-05	66.88	65.78	0	0	0	0.22	—
2005-04-10	65.78	195.43	27.8	0	150	9.63	—
2005-04-15	195.43	213.12	0.2	0	0	-3.5	—
2005-04-20	213.12	262.76	0	0	120	14.07	—
2005-04-25	262.76	234.36	0	0	0	5.68	—
2005-04-30	234.36	215.92	0	0	0	3.69	—
2005-05-05	215.92	254.3	0	0	0	-7.68	—
2005-05-10	254.3	248.68	0	0	0	1.12	—
2005-05-15	248.68	254.5	8.6	0	0	0.56	—
2005-05-20	254.5	237.66	9.5	0	0	5.27	—
2005-05-25	237.66	240.37	0.2	0	0	-0.5	—
2005-05-31	240.37	238.67	0	0	0	0.28	—
2005-06-05	238.67	262.31	0	0	120	19.27	—
2005-06-10	262.31	282.05	0	0	0	-3.95	—
2005-06-15	282.05	269.98	0	0	0	2.41	—
2005-06-20	269.98	274.94	5.5	0	0	0.11	—
2005-06-25	274.94	320.37	0	0	120	14.91	—
2005-06-30	320.37	299.58	0	0	0	4.16	—
2005-07-05	—	—	—	—	—	—	仪器故障
2005-07-10	—	—	—	—	—	—	仪器故障
2005-07-15	—	—	—	—	—	—	仪器故障
2005-07-20	335.25	293.72	15.4	0	0	11.39	—
2005-07-25	293.72	266.67	0	0	0	5.41	—
2005-07-31	266.67	276.14	0	0	0	-1.58	—
2005-08-05	276.14	291.57	8.5	0	120	22.61	—
2005-08-10	291.57	267.77	0	0	0	4.76	—
2005-08-15	267.77	244.58	0	0	0	4.64	—
2005-08-20	244.58	225.94	0	0	0	3.73	—

（续）

日 期	上日土层储水量	该日土层储水量	时段降雨量	时段地表径流量	时段灌溉量	平均日蒸散量	备注
2005 - 08 - 25	225.94	380.59	0	0	120	−6.93	—
2005 - 08 - 31	380.59	273.33	0	0	0	17.88	—
2005 - 09 - 05	273.33	230.75	0	0	0	8.52	—
2005 - 09 - 10	230.75	212.82	0	0	0	3.59	—
2005 - 09 - 15	212.82	195.58	0	0	0	3.45	—
2005 - 09 - 20	195.58	183.01	0	0	0	2.51	—
2005 - 09 - 25	183.01	170.98	0	0	0	2.41	—
2005 - 09 - 30	170.98	164.92	3.9	0	0	1.99	—
2005 - 10 - 05	164.92	160.51	0	0	0	0.88	—
2005 - 10 - 10	160.51	151.4	0	0	0	1.82	—
2005 - 10 - 15	151.4	148.24	0	0	0	0.63	—
2005 - 10 - 20	148.24	144.98	0	0	0	0.65	—
2005 - 10 - 25	144.98	146.39	0	0	0	−0.28	—
2005 - 10 - 31	146.39	145.08	0	0	0	0.22	—
2005 - 11 - 05	145.08	148.04	0	0	0	−0.59	—
2005 - 11 - 10	148.04	148.54	0	0	0	−0.1	—
2005 - 11 - 15	148.54	145.33	0	0	0	0.64	—
2005 - 11 - 20	145.33	148.24	0	0	0	−0.58	—
2005 - 11 - 25	148.24	149.14	0	0	0	−0.18	—
2005 - 11 - 30	149.14	146.54	0	0	0	0.52	—
2005 - 12 - 05	146.54	141.28	0	0	0	1.05	—
2005 - 12 - 10	141.28	144.08	0	0	0	−0.56	—
2005 - 12 - 15	144.08	141.73	0	0	0	0.47	—
2005 - 12 - 20	141.73	147.14	0	0	0	−1.08	—
2005 - 12 - 25	147.14	145.99	0	0	0	0.23	—
2005 - 12 - 31	145.99	144.83	0	0	0	0.19	—
2006 - 01 - 05	173.97	174.21	1.6	0	0	0.23	—
2006 - 01 - 10	174.21	173.7	0.5	0	0	0.2	—
2006 - 01 - 15	173.7	175.33	0	0	0	−0.32	—
2006 - 01 - 20	175.33	174.47	2.5	0	0	0.67	—
2006 - 01 - 25	174.47	175.3	0	0	0	−0.17	—
2006 - 01 - 31	175.3	173.08	0	0	0	0.37	—
2006 - 02 - 05	173.08	172.53	0	0	0	0.11	—
2006 - 02 - 10	172.53	172.92	0	0	0	−0.08	—
2006 - 02 - 15	172.92	175.2	5.6	0	0	−0.66	—
2006 - 02 - 20	175.2	174.1	0	0	0	0.22	—
2006 - 02 - 28	174.1	174.66	0.7	0	0	0.02	—
2006 - 03 - 05	174.66	175	0	0	0	−0.07	—
2006 - 03 - 10	175	172.83	0	0	0	0.43	—
2006 - 03 - 15	172.83	178.75	0	0	0	−1.18	—
2006 - 03 - 20	178.75	173.48	0	0	0	1.05	—
2006 - 03 - 25	173.48	171.97	0	0	0	0.3	—
2006 - 03 - 31	171.97	174.65	0	0	0	−0.45	—
2006 - 04 - 05	174.65	211.1	0	0	150	22.71	—
2006 - 04 - 10	211.1	219.44	1.7	0	0	−1.33	—
2006 - 04 - 15	219.44	251.45	0.6	0	0	−6.28	—
2006 - 04 - 20	251.45	264.21	0	0	0	−2.55	—
2006 - 04 - 25	264.21	271.71	0	0	0	−1.5	—

（续）

日　期	上日土层储水量	该日土层储水量	时段降雨量	时段地表径流量	时段灌溉量	平均日蒸散量	备注
2006 - 04 - 30	271.71	256.44	0	0	0	3.05	—
2006 - 05 - 05	256.44	250.22	0	0	0	1.24	—
2006 - 05 - 10	250.22	246.66	0	0	0	0.71	—
2006 - 05 - 15	246.66	250.33	0.4	0	0	−0.65	—
2006 - 05 - 20	250.33	243.01	0	0	0	1.46	—
2006 - 05 - 25	243.01	240.14	0	0	0	0.57	—
2006 - 05 - 31	240.14	234.02	0	0	0	1.02	—
2006 - 06 - 05	234.02	239.47	1.1	0	0	−0.87	—
2006 - 06 - 10	239.47	302.24	0	0	120	11.45	—
2006 - 06 - 15	302.24	315.23	0.1	0	0	−2.58	—
2006 - 06 - 20	315.23	381.8	0	0	120	10.69	—
2006 - 06 - 25	381.8	339.67	0	0	0	8.43	—
2006 - 06 - 30	339.67	404.13	0	0	120	11.11	—
2006 - 07 - 05	404.13	348.88	2.4	0	0	11.53	—
2006 - 07 - 10	348.88	307.65	0	0	0	8.25	—
2006 - 07 - 15	307.65	292.6	8	0	0	4.61	—
2006 - 07 - 20	292.6	389.67	0	0	120	4.59	—
2006 - 07 - 25	389.67	333.46	0	0	0	11.24	—
2006 - 07 - 31	333.46	306.04	0	0	0	4.57	—
2006 - 08 - 05	306.04	325.15	0	0	120	20.18	—
2006 - 08 - 10	325.15	310.34	0	0	0	2.96	—
2006 - 08 - 15	310.34	274.99	0	0	0	7.07	—
2006 - 08 - 20	274.99	265.47	0	0	0	1.91	—
2006 - 08 - 25	265.47	377.64	0	0	120	1.57	—
2006 - 08 - 31	377.64	341.09	0.1	0	0	6.11	—
2006 - 09 - 05	341.09	296.98	0	0	0	8.82	—
2006 - 09 - 10	296.98	281.2	0	0	0	3.16	—
2006 - 09 - 15	281.2	263.69	0	0	0	3.5	—
2006 - 09 - 20	263.69	238.74	0	0	0	4.99	—
2006 - 09 - 25	238.74	229.01	0	0	0	1.94	—
2006 - 09 - 30	229.01	218.67	0	0	0	2.07	—
2006 - 10 - 05	218.67	209.08	0	0	0	1.92	—
2006 - 10 - 10	209.08	199.06	0	0	0	2	—
2006 - 10 - 15	199.06	192.94	0	0	0	1.22	—
2006 - 10 - 20	192.94	188.6	0	0	0	0.87	—
2006 - 10 - 25	188.6	189.96	0	0	0	−0.27	—
2006 - 10 - 31	189.96	184.26	0	0	0	0.95	—
2006 - 11 - 05	184.26	190.46	0	0	0	−1.24	—
2006 - 11 - 10	190.46	191.72	0	0	0	−0.25	—
2006 - 11 - 15	191.72	182.51	0	0	0	1.84	—
2006 - 11 - 20	182.51	185.6	0	0	0	−0.62	—
2006 - 11 - 25	185.6	184.82	1.5	0	0	0.46	—
2006 - 11 - 30	184.82	186.33	0	0	0	−0.3	—
2006 - 12 - 05	186.33	187.21	0	0	0	−0.18	—
2006 - 12 - 10	187.21	180.63	0	0	0	1.32	—
2006 - 12 - 15	180.63	190.12	0	0	0	−1.9	—
2006 - 12 - 20	190.12	182.61	0	0	0	1.5	—
2006 - 12 - 25	182.61	179.56	0	0	0	0.61	—
2006 - 12 - 31	179.56	187.85	0	0	0	−1.38	—

表 4 - 139　绿洲农田辅助观测场（空白）蒸散量

观测土层厚度：200cm　　　　　　　　　　　　　　　　　　　　　　　　　　单位：mm

日　　期	上日土层储水量	该日土层储水量	时段降雨量	时段地表流量	时段灌溉量	平均日蒸散量	备注
2005 - 01 - 05	124.59	127.5	0	0	0	-0.58	—
2005 - 01 - 10	127.5	129.05	0	0	0	-0.31	—
2005 - 01 - 15	129.05	127.5	1	0	0	0.51	—
2005 - 01 - 20	127.5	120.19	0	0	0	1.46	—
2005 - 01 - 25	120.19	121.14	0	0	0	-0.19	—
2005 - 01 - 31	121.14	126.7	0.2	0	0	-0.89	—
2005 - 02 - 05	126.7	124.9	0	0	0	0.36	—
2005 - 02 - 10	124.9	126.9	0	0	0	-0.4	—
2005 - 02 - 15	126.9	128.5	0	0	0	-0.32	—
2005 - 02 - 20	128.5	127.3	1	0	0	0.44	—
2005 - 02 - 25	127.3	131.11	0	0	0	-0.76	—
2005 - 02 - 28	131.11	126.2	0	0	0	1.64	—
2005 - 03 - 05	126.2	128.25	0	0	0	-0.41	—
2005 - 03 - 10	128.25	128	0	0	0	0.05	—
2005 - 03 - 15	128	128.15	0	0	0	-0.03	—
2005 - 03 - 20	128.15	126.25	0	0	0	0.38	—
2005 - 03 - 25	126.25	123.84	0	0	0	0.48	—
2005 - 03 - 31	123.84	123.39	0	0	0	0.08	—
2005 - 04 - 05	123.39	120.94	0	0	0	0.49	—
2005 - 04 - 10	120.94	132.06	27.8	0	0	3.34	—
2005 - 04 - 15	132.06	127.45	0.2	0	0	0.96	—
2005 - 04 - 20	127.45	132.11	0	0	0	-0.93	—
2005 - 04 - 25	132.11	124.9	0	0	0	1.44	—
2005 - 04 - 30	124.9	103.65	0	0	0	4.25	—
2005 - 05 - 05	103.65	127.6	0	0	0	-4.79	—
2005 - 05 - 10	127.6	124.44	0	0	0	0.63	—
2005 - 05 - 15	124.44	125.95	8.6	0	0	1.42	—
2005 - 05 - 20	125.95	124.24	9.5	0	0	2.24	—
2005 - 05 - 25	124.24	121.24	0.2	0	0	0.64	—
2005 - 05 - 31	121.24	120.74	0	0	0	0.08	—
2005 - 06 - 05	120.74	124.09	0	0	0	-0.67	—
2005 - 06 - 10	124.09	119.18	0	0	0	0.98	—
2005 - 06 - 15	119.18	117.63	0	0	0	0.31	—
2005 - 06 - 20	117.63	111.72	5.5	0	0	2.28	—
2005 - 06 - 25	111.72	109.31	0	0	0	0.48	—
2005 - 06 - 30	109.31	105.66	0	0	0	0.73	—
2005 - 07 - 05	—	—	—	—	—	—	仪器故障
2005 - 07 - 10	—	—	—	—	—	—	仪器故障
2005 - 07 - 15	—	—	—	—	—	—	仪器故障
2005 - 07 - 20	101.5	100.8	15.4	0	0	3.22	—
2005 - 07 - 25	100.8	98.74	0	0	0	0.41	—
2005 - 07 - 31	98.74	96.39	0	0	0	0.39	—
2005 - 08 - 05	96.39	98.29	8.5	0	0	1.32	—
2005 - 08 - 10	98.29	96.49	0	0	0	0.36	—
2005 - 08 - 15	96.49	94.44	0	0	0	0.41	—
2005 - 08 - 20	94.44	94.14	0	0	0	0.06	—

（续）

日 期	上日土层储水量	该日土层储水量	时段降雨量	时段地表流量	时段灌溉量	平均日蒸散量	备注
2005 - 08 - 25	94.14	92.48	0	0	0	0.33	—
2005 - 08 - 31	92.48	91.93	0	0	0	0.09	—
2005 - 09 - 05	91.93	91.88	0	0	0	0.01	—
2005 - 09 - 10	91.88	90.93	0	0	0	0.19	—
2005 - 09 - 15	90.93	90.28	0	0	0	0.13	—
2005 - 09 - 20	90.28	92.28	0	0	0	−0.4	—
2005 - 09 - 25	92.28	88.07	0	0	0	0.84	—
2005 - 09 - 30	88.07	89.33	3.9	0	0	0.53	—
2005 - 10 - 05	89.33	88.93	0	0	0	0.08	—
2005 - 10 - 10	88.93	87.97	0	0	0	0.19	—
2005 - 10 - 15	87.97	88.88	0	0	0	−0.18	—
2005 - 10 - 20	88.88	88.98	0	0	0	−0.02	—
2005 - 10 - 25	88.98	88.78	0	0	0	0.04	—
2005 - 10 - 31	88.78	88.47	0	0	0	0.05	—
2005 - 11 - 05	88.47	89.23	0	0	0	−0.15	—
2005 - 11 - 10	89.23	91.88	0	0	0	−0.53	—
2005 - 11 - 15	91.88	93.23	0	0	0	−0.27	—
2005 - 11 - 20	93.23	89.83	0	0	0	0.68	—
2005 - 11 - 25	89.83	90.43	0	0	0	−0.12	—
2005 - 11 - 30	90.43	89.58	0	0	0	0.17	—
2005 - 12 - 05	89.58	91.28	0	0	0	−0.34	—
2005 - 12 - 10	91.28	88.78	0	0	0	0.5	—
2005 - 12 - 15	88.78	87.52	0	0	0	0.25	—
2005 - 12 - 20	87.52	90.83	0	0	0	−0.66	—
2005 - 12 - 25	90.83	90.13	0	0	0	0.14	—
2005 - 12 - 31	90.13	90.38	0	0	0	−0.04	—
2006 - 01 - 05	118.49	113.84	1.6	0	0	1.04	—
2006 - 01 - 10	113.84	119.07	0.5	0	0	−0.95	—
2006 - 01 - 15	119.07	118.27	0	0	0	0.16	—
2006 - 01 - 20	118.27	116.56	2.5	0	0	0.84	—
2006 - 01 - 25	116.56	118.55	0	0	0	−0.4	—
2006 - 01 - 31	118.55	117.9	0	0	0	0.11	—
2006 - 02 - 05	117.9	119.18	0	0	0	−0.26	—
2006 - 02 - 10	119.18	118.3	0	0	0	0.18	—
2006 - 02 - 15	118.3	119.11	5.6	0	0	0.96	—
2006 - 02 - 20	119.11	118.93	0	0	0	0.04	—
2006 - 02 - 28	118.93	118.82	0.7	0	0	0.1	—
2006 - 03 - 05	118.82	119.15	0	0	0	−0.07	—
2006 - 03 - 10	119.15	118.77	0	0	0	0.08	—
2006 - 03 - 15	118.77	134.96	0	0	0	−3.24	—
2006 - 03 - 20	134.96	114.22	0	0	0	4.15	—
2006 - 03 - 25	114.22	112.94	0	0	0	0.26	—
2006 - 03 - 31	112.94	112.9	0	0	0	0.01	—
2006 - 04 - 05	112.9	114.56	0	0	0	−0.33	—
2006 - 04 - 10	114.56	112.17	1.7	0	0	0.82	—
2006 - 04 - 15	112.17	114.22	0.6	0	0	−0.29	—
2006 - 04 - 20	114.22	110.87	0	0	0	0.67	—

（续）

日　　期	上日土层储水量	该日土层储水量	时段降雨量	时段地表流量	时段灌溉量	平均日蒸散量	备注
2006 – 04 – 25	110.87	113.24	0	0	0	−0.47	—
2006 – 04 – 30	113.24	110.76	0	0	0	0.5	—
2006 – 05 – 05	110.76	114.9	0	0	0	−0.83	—
2006 – 05 – 10	114.9	114.28	0	0	0	0.12	—
2006 – 05 – 15	114.28	110.84	0.4	0	0	0.77	—
2006 – 05 – 20	110.84	111.73	0	0	0	−0.18	—
2006 – 05 – 25	111.73	110.61	0	0	0	0.22	—
2006 – 05 – 31	110.61	114.12	0	0	0	−0.58	—
2006 – 06 – 05	114.12	112.76	1.1	0	0	0.49	—
2006 – 06 – 10	112.76	109.97	0	0	0	0.56	—
2006 – 06 – 15	109.97	109.46	0.1	0	0	0.12	—
2006 – 06 – 20	109.46	109.08	0	0	0	0.08	—
2006 – 06 – 25	109.08	107.38	0	0	0	0.34	—
2006 – 06 – 30	107.38	107.59	0	0	0	−0.04	—
2006 – 07 – 05	107.59	108.56	2.4	0	0	0.29	—
2006 – 07 – 10	108.56	104.96	0	0	0	0.72	—
2006 – 07 – 15	104.96	108.08	8	0	0	0.98	—
2006 – 07 – 20	108.08	105.75	0	0	0	0.46	—
2006 – 07 – 25	105.75	104.07	0	0	0	0.34	—
2006 – 07 – 31	104.07	104.86	0	0	0	−0.13	—
2006 – 08 – 05	104.86	104.32	0	0	0	0.11	—
2006 – 08 – 10	104.32	102.23	0	0	0	0.42	—
2006 – 08 – 15	102.23	100.31	0	0	0	0.38	—
2006 – 08 – 20	100.31	101.89	0	0	0	−0.32	—
2006 – 08 – 25	101.89	101.06	0	0	0	0.17	—
2006 – 08 – 31	101.06	101.46	0.1	0	0	−0.05	—
2006 – 09 – 05	101.46	99.85	0	0	0	0.32	—
2006 – 09 – 10	99.85	99.84	0	0	0	0	—
2006 – 09 – 15	99.84	99.51	0	0	0	0.07	—
2006 – 09 – 20	99.51	98.13	0	0	0	0.28	—
2006 – 09 – 25	98.13	99.75	0	0	0	−0.32	—
2006 – 09 – 30	99.75	98.57	0	0	0	0.24	—
2006 – 10 – 05	98.57	99.62	0	0	0	−0.21	—
2006 – 10 – 10	99.62	96.1	0	0	0	0.7	—
2006 – 10 – 15	96.1	95.84	0	0	0	0.05	—
2006 – 10 – 20	95.84	97.44	0	0	0	−0.32	—
2006 – 10 – 25	97.44	99.36	0	0	0	−0.38	—
2006 – 10 – 31	99.36	96.47	0	0	0	0.48	—
2006 – 11 – 05	96.47	99.56	0	0	0	−0.62	—
2006 – 11 – 10	99.56	98.8	0	0	0	0.15	—
2006 – 11 – 15	98.8	99.8	0	0	0	−0.2	—
2006 – 11 – 20	99.8	106.73	0	0	0	−1.39	—
2006 – 11 – 25	106.73	98.88	1.5	0	0	1.87	—
2006 – 11 – 30	98.88	98.32	0	0	0	0.11	—
2006 – 12 – 05	98.32	99.21	0	0	0	−0.18	—

（续）

日　期	上日土层储水量	该日土层储水量	时段降雨量	时段地表流量	时段灌溉量	平均日蒸散量	备注
2006 - 12 - 10	99.21	99.74	0	0	0	−0.11	—
2006 - 12 - 15	99.74	99.97	0	0	0	−0.05	—
2006 - 12 - 20	99.97	99.38	0	0	0	0.12	—
2006 - 12 - 25	99.38	99.99	0	0	0	−0.12	—
2006 - 12 - 31	99.99	99.71	0	0	0	0.05	—

表 4 - 140　荒漠综合观测场蒸散量

观测土层厚度：200cm　　　　　　　　　　　　　　　　　　　　　　　　　　　　　　单位：mm

日　期	上日土层储水量	该日土层储水量	时段降雨量	时段地表径流量	时段灌溉量	平均日蒸散量	备注
2005 - 01 - 10	60.48	70.44	0	0	0	−1	—
2005 - 01 - 20	70.44	71.8	1	0	0	−0.04	—
2005 - 01 - 31	71.8	69.78	0.2	0	0	0.2	—
2005 - 02 - 10	69.78	70.98	0	0	0	−0.12	—
2005 - 02 - 20	70.98	72.84	1	0	0	−0.09	—
2005 - 02 - 28	72.84	71.26	0	0	0	0.2	—
2005 - 03 - 10	71.26	74.35	0	0	0	−0.31	—
2005 - 03 - 20	74.35	69.54	0	0	0	0.48	—
2005 - 03 - 31	69.54	69.92	0	0	0	−0.03	—
2005 - 04 - 10	69.92	81.38	27.8	0	0	1.63	—
2005 - 04 - 20	81.38	95.57	0.2	0	0	−1.4	—
2005 - 04 - 30	95.57	76.19	0	0	0	1.94	—
2005 - 05 - 10	76.19	76.75	0	0	0	−0.06	—
2005 - 05 - 20	76.75	78.37	18.1	0	0	1.65	—
2005 - 05 - 31	78.37	75.28	0.2	0	0	0.3	—
2005 - 06 - 10	75.28	84.07	0	0	0	−0.88	—
2005 - 06 - 20	84.07	82.19	5.5	0	0	0.74	—
2005 - 06 - 30	82.19	72.94	0	0	0	0.93	—
2005 - 07 - 10	—	—	—	—	—	—	仪器故障
2005 - 07 - 20	—	—	—	—	—	—	仪器故障
2005 - 07 - 31	98.59	109.16	0	0	0	−0.96	—
2005 - 08 - 10	109.16	95.03	8.5	0	0	2.26	—
2005 - 08 - 20	95.03	91.74	0	0	0	0.33	—
2005 - 08 - 31	91.74	90.2	0	0	0	0.14	—
2005 - 09 - 10	90.2	89.46	0	0	0	0.07	—
2005 - 09 - 20	89.46	88.8	0	0	0	0.07	—
2005 - 09 - 30	88.8	88.31	3.9	0	0	0.44	—
2005 - 10 - 10	88.31	88.19	0	0	0	0.01	—
2005 - 10 - 20	88.19	88.21	0	0	0	0	—
2005 - 10 - 31	88.21	88.31	0	0	0	−0.01	—
2005 - 11 - 10	88.31	89.02	0	0	0	−0.07	—
2005 - 11 - 20	89.02	88.03	0	0	0	0.1	—
2005 - 11 - 30	88.03	89.08	0	0	0	−0.11	—
2005 - 12 - 10	89.08	87.71	0	0	0	0.14	—
2005 - 12 - 20	87.71	88.33	0	0	0	−0.06	—
2005 - 12 - 31	88.33	72.41	0	0	0	1.45	—
2006 - 01 - 10	116.15	117.27	2.1	0	0	0.1	—

（续）

日　期	上日土层储水量	该日土层储水量	时段降雨量	时段地表径流量	时段灌溉量	平均日蒸散量	备注
2006 - 01 - 20	117.27	114.27	2.5	0	0	0.55	—
2006 - 01 - 31	114.27	115.12	0	0	0	−0.08	—
2006 - 02 - 10	115.12	115.83	0	0	0	−0.07	—
2006 - 02 - 20	115.83	117.61	5.6	0	0	0.38	—
2006 - 02 - 28	117.61	115.34	0.7	0	0	0.37	—
2006 - 03 - 10	115.34	115.93	0	0	0	−0.06	—
2006 - 03 - 20	115.93	120.47	0	0	0	−0.45	—
2006 - 03 - 31	120.47	114.94	0	0	0	0.5	—
2006 - 04 - 10	114.94	115.29	1.7	0	0	0.14	—
2006 - 04 - 20	115.29	114.58	0.6	0	0	0.13	—
2006 - 04 - 30	114.58	116.43	0	0	0	−0.18	—
2006 - 05 - 10	116.43	114.89	0	0	0	0.15	—
2006 - 05 - 20	114.89	113.39	0.4	0	0	0.19	—
2006 - 05 - 31	113.39	113.26	0	0	0	0.01	—
2006 - 06 - 10	113.26	112.21	1.1	0	0	0.21	—
2006 - 06 - 20	112.21	110.69	0.1	0	0	0.16	—
2006 - 06 - 30	110.69	109.91	0	0	0	0.08	—
2006 - 07 - 10	109.91	107.25	2.4	0	0	0.51	—
2006 - 07 - 20	107.25	107.75	8	0	0	0.75	—
2006 - 07 - 31	107.75	107.22	0	0	0	0.05	—
2006 - 08 - 10	107.22	106.45	0	0	0	0.08	—
2006 - 08 - 20	106.45	106.24	0	0	0	0.02	—
2006 - 08 - 31	106.24	105.57	0.1	0	0	0.07	—
2006 - 09 - 10	105.57	103.51	0	0	0	0.21	—
2006 - 09 - 20	103.51	103.75	0	0	0	−0.02	—
2006 - 09 - 30	103.75	102.46	0	0	0	0.13	—
2006 - 10 - 10	102.46	107.98	0	0	0	−0.55	—
2006 - 10 - 20	107.98	102.67	0	0	0	0.53	—
2006 - 10 - 31	102.67	102.75	0	0	0	−0.01	—
2006 - 11 - 10	102.75	102.17	0	0	0	0.06	—
2006 - 11 - 20	102.17	102.13	0	0	0	0	—
2006 - 11 - 30	102.13	102.52	1.5	0	0	0.11	—
2006 - 12 - 10	102.52	103.69	0	0	0	−0.12	—
2006 - 12 - 20	103.69	106.56	0	0	0	−0.29	—
2006 - 12 - 31	106.56	102.12	0	0	0	0.4	—

4.3.5　土壤水分常数

表 4 - 141　绿洲农田综合观测场土壤水分常数

土壤类型：风沙土

采样时间：2005 年 9 月 20 日

采样层次(cm)	土壤类型	土壤质地	土壤完全持水量(%)	土壤田间持水量(%)	土壤凋萎含水量(%)	土壤孔隙度(%)	容重(g/cm³)	水分特征曲线方程
0～10	棕漠土	风沙土	37.62	20.02	3.73	54.83	1.19	$\theta = 8.409\,0\psi m^{-0.300\,7}$, R2=0.91
10～20	棕漠土	风沙土	46.98	21.02	4.48	60.75	1.04	$\theta = 9.399\,0\psi m^{-0.273\,6}$, R2=0.91
20～40	棕漠土	风沙土	36.60	18.69	2.62	52.78	1.25	$\theta = 6.207\,2\psi m^{-0.318\,2}$, R2=0.90
40～60	棕漠土	风沙土	35.61	16.67	2.49	50.73	1.31	$\theta = 5.775\,8\psi m^{-0.311\,5}$, R2=0.91
60～80	棕漠土	风沙土	38.27	21.65	2.71	55.34	1.18	$\theta = 6.833\,0\psi m^{-0.341\,8}$, R2=0.91
80～100	棕漠土	风沙土	42.85	21.35	4.26	58.77	1.08	$\theta = 8.862\,9\psi m^{-0.270\,9}$, R2=0.94

表4-142　荒漠综合观测场土壤水分常数

土壤类型：风沙土

采样时间：20005年9月20日

采样层次 (cm)	土壤类型	土壤质地	土壤完全持水量 (%)	土壤田间持水量 (%)	土壤凋萎含水量 (%)	土壤孔隙度 (%)	容重 (g/cm³)	水分特征曲线方程
0~10	棕漠土	风沙土	36.34	20.48	3.14	47.48	1.39	$\theta=7.370\,5\psi m^{-0.315\,2}$，$R2=0.93$
10~20	棕漠土	风沙土	47.59	20.36	7.15	54.66	1.21	$\theta=13.812\psi m^{-0.243\,4}$，$R2=0.95$
20~40	棕漠土	风沙土	34.86	16.75	2.51	52.61	1.25	$\theta=6.047\,0\psi m^{-0.324\,4}$，$R2=0.94$
40~60	棕漠土	风沙土	36.76	21.56	3.59	55.13	1.18	$\theta=8.336\,8\psi m^{-0.310\,2}$，$R2=0.95$
60~80	棕漠土	风沙土	38.21	21.49	3.12	54.29	1.21	$\theta=7.304\,1\psi m^{-0.314\,0}$，$R2=0.90$
80~100	棕漠土	风沙土	38.24	18.53	3.79	53.49	1.23	$\theta=7.820\,0\psi m^{-0.267\,0}$，$R2=0.93$

4.3.6　水面蒸发量

表4-143　水面蒸发量

样地名称：综合气象要素观测场E601蒸发器

年份	月份	月蒸发量（mm）	月均水温（℃）
2005	1	—	—
2005	2	—	—
2005	3	64.8	11.113 136 56
2005	4	146.3	15.054 349 79
2005	5	190.9	19.234 099 33
2005	6	217.9	23.186 213 19
2005	7	188.3	24.085 849 87
2005	8	258.8	23.111 552 69
2005	9	137.5	21.007 441 53
2005	10	64.6	12.804 274 27
2005	11	54.4	5.187 461 276
2005	12	—	—
2006	1	—	—
2006	2	7.2	5.928 222 53
2006	3	95.4	8.628 202 903
2006	4	150.6	14.399 024 1
2006	5	217.0	20.667 542 2
2006	6	226.4	21.555 772 14
2006	7	208.2	24.513 494 26
2006	8	212.1	24.296 925 81
2006	9	441	20.643 296 44
2006	10	36.8	12.881 059 72
2006	11	4.9	10.629 722 07
2006	12	—	—

4.3.7　雨水水质状况

表4-144　策勒站气象综合观测场雨水水质状况

单位：mg/L

年份	月份	pH	矿化度	硫酸根	非溶性物质总含量
2005	1	没收集到雨水 未检	没收集到雨水 未检	没收集到雨水 未检	没收集到雨水 未检
2005	4	7.87	170.150 0	47.125 0	935.240 0

（续）

年份	月份	pH	矿化度	硫酸根	非溶性物质总含量
2005	7	7.23	200.351 0	28.326 0	159.360 0
2005	10	没收集到雨水未检	没收集到雨水未检	没收集到雨水未检	没收集到雨水未检
2006	1	7.1	350.0	881.8	310.0
2006	4	7.5	3 060.0	1 130.2	150.0
2006	7	7.7	170.0	1 102.8	750.0
2006	10	没收集到雨水未检	没收集到雨水未检	没收集到雨水未检	没收集到雨水未检

4.3.8 农田灌溉量

表 4－145 绿洲农田综合观测场（常规）灌溉状况

日期	观测场地经度	观测场地纬度	作物名称	灌溉方式	灌溉面积	灌溉量	备注
2005-04-03	80°43′41″E	37°01′20″N	棉花	漫灌	1.00	150.0	井水
2005-06-03	80°43′41″E	37°01′20″N	棉花	漫灌	1.00	120.0	洪水
2005-06-22	80°43′41″E	37°01′20″N	棉花	漫灌	1.00	120.0	洪水
2005-07-11	80°43′41″E	37°01′20″N	棉花	漫灌	1.00	120.0	洪水
2005-08-02	80°43′41″E	37°01′20″N	棉花	漫灌	1.00	120.0	洪水
2005-08-23	80°43′41″E	37°01′20″N	棉花	漫灌	1.00	120.0	洪水
2006-03-31	80°43′41″E	37°01′20″N	棉花	漫灌	1.00	150.0	井水
2006-06-01	80°43′41″E	37°01′20″N	棉花	漫灌	1.00	120.0	洪水
2006-06-14	80°43′41″E	37°01′20″N	棉花	漫灌	1.00	120.0	洪水
2006-06-30	80°43′41″E	37°01′20″N	棉花	漫灌	1.00	120.0	洪水
2006-07-17	80°43′41″E	37°01′20″N	棉花	漫灌	1.00	120.0	洪水
2006-08-02	80°43′41″E	37°01′20″N	棉花	漫灌	1.00	120.0	洪水
2006-08-25	80°43′41″E	37°01′20″N	棉花	漫灌	1.00	120.0	洪水

表 4－146 绿洲农田辅助观测场（高产）灌溉状况

日期	观测场地经度	观测场地纬度	作物名称	灌溉方式	灌溉面积	灌溉量	备注
2005-04-02	80°43′46″E	37°01′16″N	棉花	漫灌	1.00	150.0	井水
2005-06-03	80°43′46″E	37°01′16″N	棉花	漫灌	1.00	120.0	洪水
2005-06-22	80°43′46″E	37°01′16″N	棉花	漫灌	1.00	120.0	洪水
2005-07-11	80°43′46″E	37°01′16″N	棉花	漫灌	1.00	120.0	洪水
2005-08-02	80°43′46″E	37°01′16″N	棉花	漫灌	1.00	120.0	洪水
2005-08-23	80°43′46″E	37°01′16″N	棉花	漫灌	1.00	120.0	洪水
2006-03-30	80°43′46″E	37°01′16″N	棉花	漫灌	1.00	150.0	井水
2006-06-02	80°43′46″E	37°01′16″N	棉花	漫灌	1.00	120.0	洪水
2006-06-14	80°43′46″E	37°01′16″N	棉花	漫灌	1.00	120.0	洪水
2006-06-30	80°43′46″E	37°01′16″N	棉花	漫灌	1.00	120.0	洪水
2006-07-17	80°43′46″E	37°01′16″N	棉花	漫灌	1.00	120.0	洪水
2006-08-02	80°43′46″E	37°01′16″N	棉花	漫灌	1.00	120.0	洪水
2006-08-22	80°43′46″E	37°01′16″N	棉花	漫灌	1.00	120.0	洪水

表 4-147 绿洲农田辅助观测场（对照）灌溉状况

日 期	观测场地经度	观测场地纬度	作物名称	灌溉方式	灌溉面积	灌溉量	备注
2005-04-9	80°43′46″E	37°01′21″N	棉花	漫灌	1.00	150.0	井水
2005-04-18	80°43′46″E	37°01′21″N	棉花	漫灌	1.00	120.0	井水
2005-06-03	80°43′46″E	37°01′21″N	棉花	漫灌	1.00	120.0	洪水
2005-06-22	80°43′46″E	37°01′21″N	棉花	漫灌	1.00	120.0	洪水
2005-07-11	80°43′46″E	37°01′21″N	棉花	漫灌	1.00	120.0	洪水
2005-08-02	80°43′46″E	37°01′21″N	棉花	漫灌	1.00	120.0	洪水
2005-08-23	80°43′46″E	37°01′21″N	棉花	漫灌	1.00	120.0	洪水
2006-03-31	80°43′46″E	37°01′21″N	棉花	漫灌	1.00	150.0	井水
2006-06-06	80°43′46″E	37°01′21″N	棉花	漫灌	1.00	120.0	洪水
2006-06-16	80°43′46″E	37°01′21″N	棉花	漫灌	1.00	120.0	洪水
2006-06-26	80°43′46″E	37°01′21″N	棉花	漫灌	1.00	120.0	洪水
2006-07-17	80°43′46″E	37°01′21″N	棉花	漫灌	1.00	120.0	洪水
2006-08-02	80°43′46″E	37°01′21″N	棉花	漫灌	1.00	120.0	洪水
2006-08-22	80°43′46″E	37°01′21″N	棉花	漫灌	1.00	120.0	洪水

4.3.9 水质分析方法

表 4-148 水质分析方法

分析项目名称	分析方法名称	参照国标名称
pH 值	电位法	GB6920—86
钙离子	原子吸收法	GB11905—89
镁离子	原子吸收法	GB11905—89
钾离子	原子吸收法	GB11905—89
钠离子	原子吸收法	GB11905—89
碳酸根离子	双指示剂法	GB8583—1995
重碳酸根离子	双指示剂法	GB8583—1995
氯化物	$AgNO_3$ 容量法	GB 11896—89
硫酸根离子	EDTA 间接络合法	GB 11899—89
磷酸根离子	流动注射法	GB/T8538—1955
硝酸根离子	流动注射法	GB/T8538—1955
矿化度	电导法	—
化学需氧量（COD）	重铬酸钾标准回流法	GB11914—89
水中溶解氧（DO）	—	—
总氮	碱性过硫酸钾消解—紫外分光光度法	GB/T11894—89
总磷	钼锑抗比色法	GB9837—88
pH 值	—	GB6920—86
矿化度	电导法	—
硫酸根	—	—
非溶性物质总含量	—	—

4.4 气象监测数据

4.4.1 温度

表 4-149 自动观测气象要素——温度

单位：℃

年份	月份	日平均值 月平均	日最大值 月平均	日最小值 月平均	月极大值	极大值 日期	月极 小值	极小值 日期
2005	1	−4.776 696	2.729 032 3	−11.296 77	10.2	26	−16.8	19
2005	2	−1.158 846	5.435 714 3	−7.710 714	17.6	22	−17.9	2
2005	3	10.466 734	18.861 29	2.409 677 4	27.2	12	−3.9	6

（续）

年份	月份	日平均值 月平均	日最大值 月平均	日最小值 月平均	月极大值	极大值 日期	月极 小值	极小值 日期
2005	4	—	25.758 333	8.425	32.8	30	2.1	9
2005	5	—	28.55	14.796 429	33.3	8	6.5	13
2005	6	25.454 709	32.976 667	17.456 667	40.4	24	14	4
2005	7	24.934 917	32.064 516	18.316 129	39.7	12	13.2	1
2005	8	23.476 277	31.735 484	16.158 065	34.3	10	7.4	29
2005	9	21.284 782	30.476 667	12.563 333	37.2	7	8.2	14
2005	10	11.882 661	22.235 484	2.145 161 3	29.2	9	−3.4	23
2005	11	3.238 333 3	12.8	−4.833 333	20.1	1	−11.1	23
2005	12	−5.948 387	2.458 064 5	−13.229 03	9.4	2	−17.6	17
2006	1	−9.369 582	−3.516 129	−14.574 19	2.9	11	−23	7
2006	2	1.065 104 2	7.614 285 7	−3.889 286	13	28	−11.9	2
2006	3	8.775 537 6	17.412 903	0.706 451 6	29.2	30	−5.2	1
2006	4	16.668 611	25.226 667	7.55	36.9	29	−8.2	4
2006	5	23.164 317	31.358 065	14.903 226	37.2	17	5.1	13
2006	6	24.130 278	31.81	16.33	38.6	24	8.7	19
2006	7	25.948 691	34.677 419	17.945 161	41.1	25	12.2	14
2006	8	26.749 731	34.438 71	19.470 968	40.3	2	12.5	31
2006	9	20.697 053	29.746 667	12.213 333	35	1	5.5	28
2006	10	15.311 806	25.529 032	5.664 516 1	30	1	0.7	30
2006	11	5.159 704 1	13.856 667	−2.586 667	25.7	8	−12.7	30
2006	12	−4.408 468	4.241 935 5	−11.416 13	12.2	18	−14.5	12

4.4.2 湿度

表 4-150　自动观测气象要素——湿度

单位：%

年份	月份	日平均值月平均	日最小值月平均	月极小值	极小值日期
2005	1	55.756 073 3	31.516 129 03	14	19
2005	2	40.229 166 67	22.785 714 29	11	22
2005	3	28.525 336 26	12.967 741 94	6	13
2005	4	—	15.208 333 33	5	3
2005	5	—	15.785 714 29	5	6
2005	6	32.857 683 66	17.333 333 33	8	22
2005	7	44.007 001 88	23.193 548 39	13	9
2005	8	44.919 812 48	23.193 548 39	12	10
2005	9	38.006 239 74	17.133 333 33	8	17
2005	10	38.286 290 32	14.225 806 45	9	31
2005	11	36.116 787 44	17.933 333 33		4
2005	12	54.901 515 15	30.193 548 39	21	2
2006	1	77.353 842	57.451 613	1	30
2006	2	66.937 5	41.5	25	18
2006	3	26.974 462	12.419 355	5	30
2006	4	22.947 222	9.5	3	29
2006	5	27.490 124	12.225 806	7	16
2006	6	32.554 444	15.633 333	6	22
2006	7	40.475 573	18.709 677	10	23
2006	8	35.682 796	17.774 194	11	2
2006	9	35.609 722	14.933 333	7	16
2006	10	34.641 667	13.225 806	7	14
2006	11	50.133 333	27	11	8
2006	12	50.284 946	27.290 323	14	18

4.4.3　气压

表 4 - 151　自动观测气象要素——气压

单位：hPa

年份	月份	日平均值 月平均	日最大值 月平均	日最小值 月平均	月极 大值	极大值 日期	月极 小值	极小值 日期
2005	1	865.689 71	867.751 61	863.638 71	874	11	852.6	27
2005	2	864.628 4	866.467 86	861.764 29	875.4	19	852	23
2005	3	863.891 9	866.367 74	861.490 32	878.1	4	853.3	27
2005	4	—	864.3	858.837 5	871.5	18	839.9	5
2005	5	—	859.764 29	855.278 57	866.1	15	848.2	9
2005	6	857.250 07	858.936 67	854.476 67	863.8	16	848.3	25
2005	7	858.085 26	859.487 1	855.664 52	863.3	18	851.1	15
2005	8	858.198 2	859.887 1	855.219 35	866.9	14	848.9	27
2005	9	862.520 36	864.3	860.306 67	870.2	30	856.4	17
2005	10	868.533 74	870.309 68	866.009 68	875.3	19	860.4	9
2005	11	869.207 64	871.213 33	866.813 33	879.3	21	858.6	10
2005	12	872.073 77	874.409 68	869.764 52	881.9	13	862	8
2006	1	866.995 88	870.045 16	836.747 19	882	5	0.1	30
2006	2	867.945 14	870.371 43	865.182 14	877	4	856	11
2006	3	864.501 75	866.522 58	861.835 48	876.9	13	856.7	30
2006	4	861.656 94	864.056 67	858.2	876.5	11	840.1	9
2006	5	861.108 67	863.696 77	857.219 35	879.6	12	851.7	7
2006	6	857.819 24	861.006 67	827.713	868.9	17	2.2	4
2006	7	856.775 21	858.5	853.983 87	864	22	848.4	10
2006	8	867.947 98	859.377 42	854.835 48	868.4	19	849.6	4
2006	9	862.002 36	863.83	859.38	869.7	4	851.1	1
2006	10	865.715	867.587 1	863.648 39	873.7	31	858.5	14
2006	11	866.680 69	868.396 67	864.663 33	872.4	14	855.5	21
2006	12	869.816 94	872.012 9	867.651 61	879.5	12	861.1	24

4.4.4　降水

表 4 - 152　自动观测气象要素——降水

单位：mm

年份	月份	月合计值	月小时降水极大值	极大值日期
2005	1	0.2	0.2	11
2005	2	0.4	0.2	16
2005	3	8	8	29
2005	4	6	1.6	7
2005	5	8.6	5.2	15
2005	6	5.8	3.4	16
2005	7	15.8	8.8	16
2005	8	8.2	2.8	5
2005	9	3.4	2	30
2005	10	0	0	1
2005	11	0	0	1
2005	12	0	0	1
2006	1	4.6	0.4	30
2006	2	0.4	1.8	15
2006	3	0.4	0.4	24

（续）

年份	月份	月合计值	月小时降水极大值	极大值日期
2006	4	1.6	1.2	11
2006	5	0.2	0.2	11
2006	6	1.2	0.2	4
2006	7	11	2.8	14
2006	8	0.2	0.2	28
2006	9	0	0	1
2006	10	0	0	1
2006	11	0.8	0.6	23
2006	12	1.2	1.2	13

4.4.5 风速

表4-153 自动观测气象要素——风速

单位：m/s

年份	月份	月平均风速	最大风速	最大风风向	最大风出现日期	最大风出现时间
2005	1	1.322 371 3	7.4	302	28	17：54：42
2005	2	1.625 961 5	6.3	266	23	15：20：19
2005	3	1.725 929 1	8.4	273	18	21：47：31
2005	4	—	10.3	277	6	02：54：30
2005	5	—	13.1	264	27	20：32：46
2005	6	2.483 176 3	12.4	268	23	05：01：56
2005	7	2.050 555 5	10.1	270	23	10：46：54
2005	8	2.138 402	11.2	269	25	09：01：50
2005	9	1.747 441 8	10.2	279	9	10：51：30
2005	10	1.442 039 5	6.7	280	10	11：26：25
2005	11	1.311 164 8	5.4	329	16	18：02：50
2005	12	0.941 049 2	7	280	8	13：06：21
2006	1	0.901 579 6	20.5	0	30	10：23：00
2006	2	1.465 922 6	8.6	279	11	12：06：30
2006	3	1.368 262 2	11	300	30	16：38：38
2006	4	1.925 777 8	20.2	257	10	10：25：11
2006	5	2.123 725 3	21.9	298	10	17：53：47
2006	6	2.549 823 8	150.7	1	4	13：40：00
2006	7	1.829 167 5	17.2	281	19	16：48：02
2006	8	1.658 792 9	16.1	244	2	18：17：08
2006	9	1.726 888 9	14.1	276	3	10：05：34
2006	10	1.5	11.6	274	6	11：29：27
2006	11	1.2	9.2	321	11	15：59：44
2006	12	1.2	8.9	309	15	16：35：31

4.4.6 地表温度

表4-154 自动观测气象要素——地表温度

单位：℃

年份	月份	日平均值 月平均	日最大值 月平均	日最小值 月平均	月极大值	极大值 日期	月极小值	极小值 日期
2005	1	−5.116 618	14.261 29	−15.493 55	22.9	26	−21.1	19
2005	2	0.674 230 8	19.814 286	−11.017 86	37	22	−21	2
2005	3	14.416 099	40.812 903	−1.180 645	53.1	13	−9.4	5
2005	4	—	45.629 167	6.875	59.6	30	−1.8	3

(续)

年份	月份	日平均值 月平均	日最大值 月平均	日最小值 月平均	月极大值	极大值 日期	月极小值	极小值 日期
2005	5	—	51. 842 857	15. 896 429	62. 3	2	5. 8	13
2005	6	32. 326 054	57. 773 333	16. 62	69. 9	22	11. 8	17
2005	7	32. 286 502	53. 748 387	17. 993 548	72	9	13	18
2005	8	30. 456 184	55. 274 194	15. 312 903	65. 3	1	4. 4	29
2005	9	27. 136 252	52. 59	10. 716 667	64. 3	6	5. 9	15
2005	10	14. 904 167	41. 903 226	−0. 951 613	50. 9	5	−7. 5	31
2005	11	3. 448 085 7	28. 736 667	−9. 66	38. 7	3	−14. 9	23
2005	12	−6. 528 238	15. 870 968	−18. 103 23	21. 6	2	−22. 8	20
2006	1	−7. 699 523	2. 558 064 5	−14. 412 9	17. 4	1	−22. 9	8
2006	2	3. 612 673 6	21. 028 571	−5. 735 714	36	28	−15. 7	2
2006	3	11. 687 097	34. 903 226	−2. 232 258	51. 6	30	−8	12
2006	4	21. 782 778	47. 52	5. 32	65. 5	29	−4	14
2006	5	31. 016 789	57. 532 258	13. 580 645	67. 3	16	3. 9	13
2006	6	32. 248 708	58. 486 667	15. 256 667	71. 1	22	6. 3	5
2006	7	34. 643 28	60. 706 452	17. 529 032	73. 5	6	11. 2	5
2006	8	34. 230 78	59. 690 323	19. 412 903	71	9	9. 6	31
2006	9	26. 504 861	53. 243 333	11. 03	64. 5	1	3. 7	30
2006	10	17. 725 972	42. 070 968	2. 848 387 1	52. 3	1	−3. 4	30
2006	11	5. 689 384 1	26. 283 333	−5. 873 333	40. 1	8	−17. 1	30
2006	12	−5. 575 538	16. 609 677	−16. 922 58	23. 4	18	−20. 3	13

4.4.7 辐射

表 4-155 太阳辐射自动观测记录表——月辐射

单位：MJ/m²

年份	月份	总辐射 总量月 合计值	反射辐射 总量月 合计值	紫外辐射 总量月 合计值	净辐射 总量 月合计值	光合有效 辐射总量 月合计值	Ht 月合计	日照小时数 月合计值
2005	1	344. 727	110. 8	11. 307	24. 802	563. 4	416. 054	187. 1
2005	2	290. 404	109. 233	9. 387	26. 602	521. 598	379. 821	119. 3
2005	3	500. 841	182. 507	17. 373	80. 68	929. 995	469. 933	223. 1
2005	4	554. 805	188. 946 25	20. 152 5	109. 376 25	1 076. 691 3	418. 195	225. 6
2005	5	599. 703	192. 118 48	21. 053 5	172. 469 07	1 152. 317 1	386. 326	199. 1
2005	6	644. 256	197. 425	23. 319	187. 126	1 233. 616	419. 984	219. 2
2005	7	—	171. 009	22. 552	159. 694	1 114. 878	421. 597	185. 4
2005	8	592. 966	176. 972	22. 166	171. 1	1 122. 55	434. 564	213. 6
2005	9	544. 001	166. 507	20. 307	143. 442	983. 568	374. 92	246. 6
2005	10	509. 457	163. 608	18. 933	107. 412	893. 985	407. 465	289. 2
2005	11	366. 558	126. 1	13. 256	46. 364	642. 104	379. 664	247. 2
2005	12	313. 071	111. 429	10. 388	26. 702	516. 405	367. 913	231. 4
2006	1	278. 234	178. 372 2	10. 602	−1. 456	−307. 162	317. 954	139. 3
2006	2	286. 604	90. 757	10. 479	60. 865	−515. 889	283. 79	120. 7
2006	3	455. 229	165. 933	14. 463	64. 959	−715. 088	8. 546	186. 8
2006	4	556. 673	184. 092	18. 203	115. 216	190. 228	14. 372	204. 2

（续）

年份	月份	总辐射总量月合计值	反射辐射总量月合计值	紫外辐射总量月合计值	净辐射总量月合计值	光合有效辐射总量月合计值	Ht 月合计	日照小时数月合计值
2006	5	939.207	225.524	24.509	182.449	1 323.972	16.305	254.9
2006	6	683.546	224.024	24.904	189.934	1 350.553	13.194	245.6
2006	7	724.35	225.324	27.069	208.05	1 430.593	18.464	274.3
2006	8	565.828	184.809	20.29	137.153	1 127.988	11.2	202.6
2006	9	558.388	190.244	20.05	115.595	1 073.03	2.646	258.5
2006	10	492.812	170.559	18.606	75.256	905.713	−7.734	280.3
2006	11	326.121	108.451	12.321	29.575	618.508	−6.143	195.6
2006	12	313.672	108.407	10.711	18.166	568.819	−5.054	230.3

台站研究数据集整理·

5.1 2005 年科研内容及成果

5.1.1 国家科学基金项目

国家科学基金项目"骆驼刺幼苗根系生态学试验研究"从 2005 年 4 月到 2005 年 10 月分别对不同水分处理条件下的骆驼刺幼苗根系的分布和生长规律进行系统的动态观测和试验研究，并取得了阶段性的研究成果：

1. 人工地面灌溉试验表明：

（1）水分条件越好根系向下扎根的速度越慢，水分条件越差根系向下扎根速率越快；

（2）地面灌溉条件下，水分条件好的根系水平根发达，根系分蘖繁殖产生的分株较多。水分条件差的根系水平根相对不发达，没有发现根系分蘖现象的产生；

（3）地面灌溉条件下，水分条件越差根冠比越大，水分条件好的根冠比小。

2. 人工控制地下水位试验表明：

（1）当土壤质量含水率在 30.4% 时骆驼刺幼苗的根系停止向下生长，说明 30.4% 的土壤含水量是其垂直根停止生长的临界点。

（2）地下水位越深骆驼刺幼苗根系垂直扎根速率越快；

（3）当地下水位为 2.5m 时，骆驼刺幼苗地上部分在生长过程中有枯死现象；地下水位 2m 时骆驼刺幼苗长势最好；地下水位为 1.5m 时根系分蘖繁殖形成分株较多；地下水位为 1m 时长势最差；且没有分株现象发生，主要是强烈的地表蒸腾导致地下水的盐分上移盐碱化严重。

5.1.2 中国科学院重点方向性项目

中国科学院重点方向性项目"塔里木沙漠公路防护林工程的生态学基础和区域水资源效应研究"的一部分人工控制实验 2005 年在策勒站实施，通过对不同处理条件下几种植物幼苗（沙拐枣、梭梭、柽柳）抗盐/抗旱特性的实验研究，探讨了植物幼苗和种子萌发的环境适应性，并得出了如下的结论：

（1）水分处理条件下：通过对不同水分处理条件下植物光响应的测定表明，三种植物的光合作用能力各不相同，随着实验时间的持续，三种植物的潜在光合能力都发生了变化，最大净光合速率均有不同程的下降，其中以沙拐枣下降的绝对值最大，而幅度最大的还是柽柳，达到了 60%，梭梭变化最小。而在相同的测定时间内，初期表现为沙拐枣的潜在光合作用能力最高，但随着胁迫时间的延续，其光合能力下降也很迅速，因此在实验处理的中后期，变化较小的梭梭的光合作用能力逐渐成为最大的，柽柳也是持续下降，这与其光合日变化的结果一致，梭梭最强，柽柳最弱，沙拐枣居中。

（2）盐分处理条件下：通过对不同盐分处理条件下三种植物光合响应的测定表明，随着盐分浓度的增加，三种植物的光合能力最终呈下降趋势，但对三种植物来说，一定的盐分含量对其生长没有明显的影响，例如 12g/L 的处理下，三种植物均能正常生长，与 4g/L 和自来水灌溉下的光合能力并没有明显的变化。但是对三种植物比较发现，其对于较高浓度的盐分胁迫来说，适应能力却有明显的不同，其中柽柳最强，沙拐枣最弱，梭梭居中，在 28g/L 的盐分浓度下，柽柳可以正常生长，梭梭基本可以，而沙拐枣在 12g/L 时可以维持生长，但在 20g/L 时就无法存活。

（3）种子库试验表明

1）所有立地类型的土壤种子库密度都很小；

2）所有立地类型土壤种子库中所出现的物种数量都很少；

3）所有立地类型土壤种子库中出现的物种生活型并不是都以一年生草本占优势；

4）在整个塔克拉玛干沙漠空间分布上，沙漠南缘和北缘的土壤种子库密度和物种多样性较大，而中部的密度和物种多样性都较小。

5.1.3　中国科学院重点方向性项目

重要植物种功能型的水资源利用和对异质性生境的响应与适应

（1）对昆仑山浅山带典型地带性植物群落的物种组成、分布、生物多样性特点、生物量等内容进行了初步研究；对不同水分条件下骆驼刺幼苗的光合、渗透物质、水势等水分生理特点进行了研究。

（2）对部分优势植物和功能型植物的生物量回归模型进行了研究，初步建立了几种主要典型植物的生物量生长回归模型，为进一步研究植物水分利用效率奠定了基础。

（3）进一步研究荒漠区不同类型优势植物对不同水分空间异质性的响应和适应特点，而且准备对荒漠地区地带性植被水分生理特点、水分来源、水分利用效率等研究，并和荒漠－绿洲交错带非地带性植物进行对比研究。这部分研究内容扩大了站区的研究范围，为进一步开展山地－荒漠－绿洲复合生态系统研究提供了帮助。

5.1.4　中国科学院野外台站基金项目

中国科学院野外台站基金项目"塔南绿洲前沿骆驼刺群落的生态学特性与防沙作用"的进展顺利，并按要求基本完成了项目要求的观测与测定任务。

（1）绘制了研究区起沙风风向频率玫瑰图，并对起沙风月平均风速及发生频率进行分析，起沙风风速在全年中变幅不大，比较稳定，发生时间主要集中于夏季；

（2）对不同水位条件下骆驼刺样地的观测发现，各样地骆驼刺的生长趋势基本相似，骆驼刺株高在生长季内的变化特点是，株高在 6 月达到最大，在 4～5 月生长最快。

（3）对不同骆驼刺样地土壤水分的月际变化特征研究表明，各样地的土壤水分都呈双峰的变化趋势，变幅不大，仅在 0.1%～0.3% 之间变动。对同月各样地土壤含水率进行单因素方差显著性检验，结果差异都不显著（$p < 0.05$）。

（4）比较骆驼刺的生长发育状况和研究区起沙风发生的主要时期和频率，可以看出骆驼刺在春季（2～4 月）尚未返青或处于萌动期，地面基本呈裸露状态，沙风虽然发生频率不大，但平均风速较大，骆驼刺植被不足以形成防护作用，从而风沙活动对地表的侵蚀会进一步加剧。

5.1.5　自治区科技攻关项目

自治区科技攻关项目"塔里木盆地南缘和田绿洲外围生态建设关键技术开发与示范"按要求完成了年度计划。2005 年 4 月完成了 13 333m² 地的试验示范区建设（柽柳和梭梭），采用四种配置模式（行间混交、带状混交、片状混交和带状带作）分别对柽柳和梭梭进行了配置；8 月完成肉苁蓉接种，并分别于 8 月和 9 月进行了植物生长调查。2005 年 10 月对策勒绿洲前沿不同类型土地的沙漠化危害特征进行了详细地调查，并形成了不同形式的图表。

5.2 2006年科研内容及成果

5.2.1 骆驼刺幼苗根系生态学试验研究

（1）在不同水分处理条件下幼苗根水势和土壤水势关系的研究方面：

就不同的水分处理条件而言（充分灌水、半充分灌水、干旱处理），土壤30cm深度、50cm深度和70cm深度处的根水势均远远小于土壤水势（p<0.01）。充分灌水处理条件而言，同一土壤深度下的土壤水势显著高于根水势；就干旱处理和半充分灌水处理条件而言，同一土壤深度下的土壤水势显著低于根水势。但是土壤10cm深度处的根水势在干旱处理和半充分灌水处理条件下显著（p<0.05）高于土壤水势，在充分灌水条件下与土壤水势基本接近。这是由于水分是从高水势向运输低运输，当土壤表层水势过低，根系里面的水分不会逆流到土壤中，这是根系的一种自我保护机制。同一水分处理间同层土壤水势、根水势差异显著（p<0.05）。

（2）在不同水分处理条件下幼苗地上水分生理指标测定和地下生物量的研究方面：

● 模拟洪水灌溉条件下骆驼刺幼苗的根系生物量

由图5-1可知，相同处理下不同土壤深度的根系生物量差异显著（p<0.05），处理间相同土壤深度的根系生物量差异显著（p<0.05）；同一处理土壤表层10cm处根系生物量随着土壤深度的增加，根系生物量逐步减小。

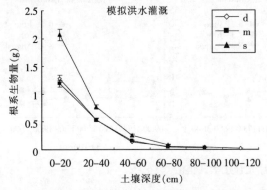

图5-1 模拟洪水灌溉条件下骆驼刺幼苗的根系生物量   图5-2 潜水埋深控制条件下骆驼刺幼苗的根系生物量

● 潜水埋深控制条件下骆驼刺幼苗的根系生物量

由图5-2可知，相同处理下不同土壤深度的根系生物量差异显著（p<0.05），处理间相同土壤深度的根系生物量差异显著（p<0.05）；同一处理土壤表层10cm处根系生物量随着土壤深度的增加，根系生物量逐步减小。

（3）在不同水分处理条件下幼苗根系解剖结构和同位素测定的分析方面：

● 幼苗根系解剖结构分析

由不同水分处理条件下幼苗根系10cm处的根系解剖结构可以看出，不同处理间的根系结构存在一定的差异。但是这种差异所表示的生态学意义，正在分析研究中。

5.2.2 中国科学院重要方向性项目

中国科学院重要方向项目"重要植物种/功能型的水资源利用和对异质性生境的响应与适应"在策勒站顺利进行。2006年按照课题年度计划，课题对昆仑山北坡前山带和策勒绿洲－荒漠交错带带典型植物和重要植物种/功能型水分生理特点进行了研究；对山上荒漠化带和平原荒漠区重要种植物种/功能型的光合特性的日变化和季节特点进行了研究；按类群特点对山上山下植物抗逆性生化物质含量组成进行了分析研究；应用同位素技术对植物碳累积特点和植物水分利用和水分来源进行了研究。课题在重要植物种/功能型的水分生理特点、植物生境水分响应与适应、水分利用效率等方面积累了较多的研究数据，初步获得了昆仑山浅山带和策勒荒漠－绿洲交错带两大不同区域植物对水分异质性生境的响应与适应特点，课题当年度获得了很好的研究进展，主要表现在：

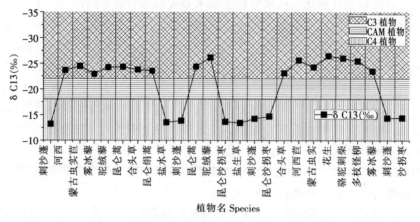

图 5-3　昆仑山前山带植物叶片 $\delta^{13}C$ 比较分析

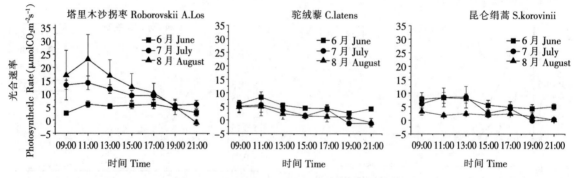

图 5-4　不同季节植物叶片光合速率日变化

● 获得了昆仑山北坡前山带地带性植物和策勒绿洲－荒漠交错带典型植物的水分生理研究数据，分析了两种不同荒漠环境下植物的水分生理适应特点和环境对植物水分特征的影响，获得了较好的研究结果。

● 获得了昆仑山前山带和策勒绿洲－荒漠交错带两大地区植物的光合日变化和季节变化数据，初步揭示了环境条件变化对植物碳交换特点和水分利用特点的影响，以及植物光合生理对环境变化的适应。

● 分析了昆仑山前山带和策勒绿洲－荒漠交错带两种荒漠区植物的生化物质特点，以及碳同位素分度变化，初步揭示了植物对环境的适应特点、适应方式以及在水分利用效率上对环境水分变化适应。

5.2.3　中国科学院"西部之光"项目

（1）绿洲农田生态系统土壤碳循环优化管理模式研究

由于干旱荒漠区土壤碳循环研究的匮乏，我国关于碳循环研究的资料尚不完整，为了弥补存在的不足，课题《绿洲农田生态系统土壤碳循环优化管理模式研究》主要探讨策勒绿洲农田生态系统（以棉花为主）土壤呼吸的变化规律及其环境因子的相互关系。2006 年度本项研究主要测定了棉花不同水肥管理措施对土壤呼吸的影响。根据今年的实验情况决定明年把实验进行细化，由原来的沟灌改为滴灌，达到水分的较为精确控制。主要体现在以下几个方面：

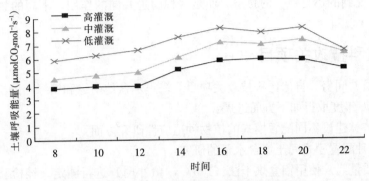

图 5-5 不同灌溉处理措施对土壤呼吸的影响

干旱地区水分是抵制土壤呼吸的主要影响因子，因此灌溉用水量的不同直接影响到土壤呼吸能量的大小。由图 5-5 可以看出灌溉用水量高土壤呼吸强度越大，反之越小。另外，土壤呼吸具有明显的日变化规律，随着气温的升高土壤呼吸能量不断增加，在 16 时（地方时为 14 时）达到最大值。由于夏季日照时间长，气温及土壤温度较高所以土壤呼吸通量直到 20 时以后才随着土壤温度的降低开始下降。

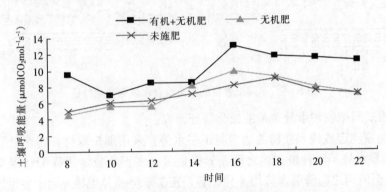

图 5-6 不同施肥处理措施对土壤呼吸的影响

由于干旱地区大多数土壤为沙壤，土壤有机质含量低，因此施用有机肥对土壤肥力具有很大的影响。随着有机肥的施用，土壤有机质含量增加，在增加作物产量的同时也使土壤呼吸通量发生改变。而无机肥的施用，只增加了土壤无机盐离子的浓度，而对土壤有机质的影响不大，因此，土壤呼吸施用无机肥和不施肥对土壤呼吸能量的变化影响很小。由图 5-6 可以看出施用无机肥和不施肥的处理土壤呼吸通量变化规律一致，均是随着气温的升高土壤呼吸通量逐渐增加，土壤呼吸通量的最大值出现在 16 时（地方时的 14 时），随后随着气温的降低土壤呼吸通量逐渐下降。在有机肥和无机肥混合施用的处理中，土壤呼吸通量的变化既有一定的规律性又有一定的不规则性，造成的原因有待进一步研究。

（2）囊果碱蓬幼苗期耐盐能力变化过程分析

针对干旱区广泛分布的 15 种植物，进行了以囊果碱蓬为主要优势种的盐生荒漠中各种盐生植物积累无机离子和可溶性有机质特征研究，以及 N、P、K 等养分的规律，结合土壤数据分析了不同盐生植物类型的盐分忍耐机制；研究了囊果碱蓬、梭梭和白梭梭幼苗对水分和盐分胁迫响应的生理特征；证实了三种植物所代表的盐生植物、盐旱生植物和超旱生植物对盐分的叶绿素荧光响应规律；分析了这些植物在盐分胁迫下叶绿素荧光响应特征，叶绿素含量和各种无机离子的积累规律，探讨了这些植物在特定盐分胁迫生境下的盐分抵御策略。并得出如下研究进展：

1）常见荒漠植物都普遍具有对盐分的一定的忍耐能力，单纯分析盐分胁迫下植物的生理表现并不足以鉴定植物的抗逆性；

2）干旱区植物受到的不是单一的胁迫，而是多种胁迫共同的作用，不同的胁迫之间可能具有复杂的关系。

5.2.4　自治区科技攻关项目

经过课题组成员共同努，自治区科技攻关项目〈塔里木盆地南缘和田绿洲外围生态建设关键技术开发与示范〉在 2006 年度取得如下方面进展：

（1）在生态经济林建设不同配置模式的植物种适应性研究方面：

1）不同经济物种配置模式间土壤含水量的研究：

土壤含水量（质量％）使用铝盒烘干法（105℃，48 小时）进行测定。经检验，不同种植方式之间差异显著，由图 5-7 说明至少两种种植方式之间存在显著差异，进行多重比较得知行间混交与片状套作之间，带状混交与行间混交之间土壤含水量差异显著。

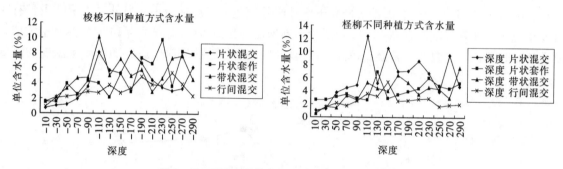

图 5-7　不同配置模式间土壤含水量的变化特征

2）不同配置模式间植物种水分关系的变化特征研究：

利用 PMS 压力室测定梭梭和柽柳的清晨与正午水势。采用随机取样，每个处理重复 5 次。由图 5-8 可知，柽柳清晨水势不同种植方式之间差异极显著，多重比较结果除带状混交与行间混交之间差异不显著外，其余两两之间清晨水势均差异显著，正午水势差异也极显著。多重比较结果显示，带状混交与片状混交之间，带状混交与行间混交之间，片状套作与片状混交之间，片状套作与行间混交之间正午水势差异显著。且清晨水势与正午水势均表现为片状套作下最高，片状混交下最低。梭梭的清晨水势与正午水势在不同种植方式下也表现出了显著差异性，片状混交与其余三种种植方式下的清晨与正午水势水势有显著差异，而其他三种种植方式之间梭梭的清晨与正午水势则无显著差异。总体而言片状混交与其他三种种植方式之间差异显著，不同种植方式对梭梭和柽柳的水分生理变化有显著影响。

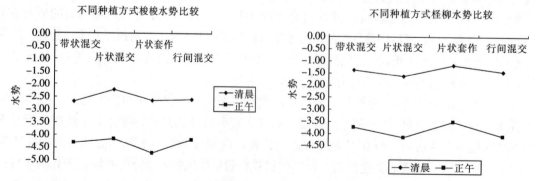

图 5-8　不同配置模式下植物种水势的变化特征

●不同配置模式间植物种生长规律的研究：

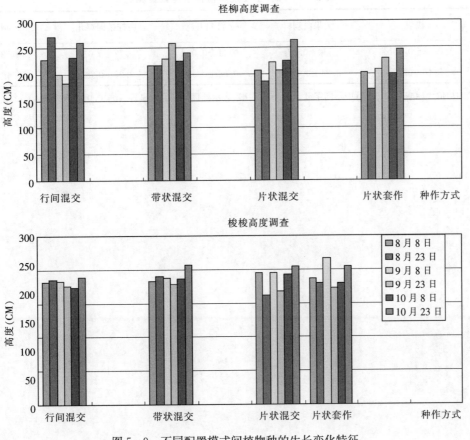

图 5 - 9　不同配置模式间植物种的生长变化特征

5.2.5　自治区科技重大专项

2006 年度自治区科技重大专项课题"荒漠—绿洲过渡带经济型生态屏障建设技术集成示范"在塔里木盆地周缘顺利实施。分别在塔南试区和塔北试区取得如下方面的进展。

（1）塔里木盆地南缘各点的研究工作及试验示范区建设情况

策勒国家站苗木繁育基地建设及部分苗木生长生理指标测定

1）完成策勒国家站 2 000m² 苗木繁育基地建设；

2）引种 18 个植物种：梭梭、白梭梭、多枝柽柳、刚毛柽柳、多花柽柳、塔干柽柳、沙打旺、小叶锦鸡儿、大果白刺、白宁条、头状沙拐枣、乔木状沙拐枣等；

3）完成部分生长指标的野外调查与测定（光合、水势等指标）；

表 5 - 1　几种主要荒漠植物光饱和及光补偿点调查测定

光响应	梭梭	大果白刺	沙打旺	白柠条锦鸡儿	小叶锦鸡儿
光饱和点	1 889	2 638	2 721	2 418	2 463
光补偿点	254	119	71	41	46

（2）由各植物的光饱和点与补偿点可以得知，不同物种在相同光强下，其光合速率有所不同，另外，在利用光的能力方面，不同物种也有差别，梭梭的光合速率虽然很大，但是其光补偿点很高，光饱和点相对最低；沙打旺的光合饱和点最高，白柠条锦鸡儿的光补偿点最低。进一步证明沙打旺的适应性较强。

表 5-2　几种主要荒漠植物水势调查测定

时间	梭梭	大果白刺	沙打旺	白柠条锦鸡儿	小叶锦鸡儿
清晨	0.98±0.03b	1.530±0.07a	0.41±0.02d	0.77±0.03c	0.73±0.04c
正午	3.16±0.17a	3.24±0.18a	0.88±0.08d	2.27±0.03c	2.46±0.17b

注：水势的均值±标准差，每一行中不同字母（a、b、c、d）表示处理间差异性显著（$p<0.05$，ANOVA）